高等院校
艺术设计精品
系列教材

ART
&
DESIGN

+

田景娜 陈熙 刘中美
主编

康立里 王珺 白子敬
副主编

数字绘画

基础

微|课|版

U0739846

人民邮电出版社
北京

图书在版编目（CIP）数据

数字绘画基础：微课版 / 田景娜，陈熙，刘中美主编. -- 北京：人民邮电出版社，2025. --（高等院校艺术设计精品系列教材）. -- ISBN 978-7-115-65094-8

Ⅰ. TP391.413

中国国家版本馆 CIP 数据核字第 2024MN1210 号

内 容 提 要

本书以培养读者的数字绘画技能为核心，以项目为导向，以能力发展为主线，以传统绘画题材为载体，详细介绍了与数字绘画相关的知识，以及数字绘画作品的设计与制作过程。本书采用项目教学的方式组织内容，通过实训案例介绍数字绘画的应用，帮助读者建立审美逻辑。本书共分为数字绘画基础理论与数字绘画案例项目两个模块，内容包括项目一数字绘画概述、项目二动物绘画、项目三写实风格人物绘画、项目四动漫角色绘画、项目五场景绘画，共有 16 个任务，读者可在这些内容的带动下，经历以实践性学习为主要形式的学习过程。

本书理论知识与实际操作相结合，强调精讲多练，注重实践操作。本书可作为中、高等职业院校美术及设计类专业的教材，也可作为数字绘画艺术爱好者的学习参考用书。

- ◆ 主　　编　田景娜　陈　熙　刘中美
　　副 主 编　康立里　王　珺　白子敬
　　责任编辑　连震月
　　责任印制　彭志环
- ◆ 人民邮电出版社出版发行　　北京市丰台区成寿寺路 11 号
　　邮编　100164　电子邮件　315@ptpress.com.cn
　　网址　https://www.ptpress.com.cn
　　北京瑞禾彩色印刷有限公司印刷
- ◆ 开本：787×1092　1/16
　　印张：11　　　　　　　　　　2025 年 6 月第 1 版
　　字数：110 千字　　　　　　　2025 年 6 月北京第 1 次印刷

定价：69.80 元

读者服务热线：(010)81055256　印装质量热线：(010)81055316
反盗版热线：(010)81055315

前言

数字绘画是使用现代信息技术手段创作美术作品的一种新艺术形式。随着科技的不断进步，数字绘画已经成为美术创作的重要手段之一。在影视、广告等领域中，数字绘画作品所占比例越来越大。数字绘画扩充了美术的内涵，为信息时代的美术增加了一个新的画种，扩大了美术创作的领域，突破了手工绘画的局限性，使绘画者能创造出更复杂、更精细、更别具一格的艺术作品。因此，数字绘画是现代美术的重要组成部分，是现代美术打开思路、面向未来的有效工具，也是实现美术创作多元化的重要手段。

本书的编写力求符合行业、企业的实际岗位能力需求，符合最新教学标准和课程大纲要求，力求降低理论知识的难度，并正确处理好知识、能力和素质三者之间的关系，以适应培养高素质人才的需要。本书按照"必要、够用、兼顾发展"的原则，循序渐进地组织内容。在内容编排上，采取了"理论知识＋实战演练＋在线课堂＋课后反馈"的结构框架，突出能力的培养，能很好地满足学生职业生涯发展的需要，体现了"做中教，做中学，做中求进步"的职业教育特色。

本书在内容编排上设置了2个模块共5个项目。模块一包括项目一数字绘画概述，其中的3个任务内容包括了解数字绘画基础知识、了解绘画的形态认知、掌握软件操作方法。模块二以4个案例项目为主线，每个项目都有详细的操作步骤，读者通过跟做练习即可快速地掌握数字绘画工具的使用。项目二介绍动物绘画，包括任务一昆虫绘画、任务二和任务三四足动物绘画、任务四海洋动物绘画，从基本几何体到曲线形态表现学习动物绘画；项目三介绍写实风格人物绘画，包括任务一掌握人物绘画分析方法、任务二掌握写实人体的比例与结构、任务三掌握写实人物头部绘画技能、任务四掌握人物形体的表现方法、任务五掌握人物衣纹的特点与绘画方法；项目四介绍动漫角色绘画，包括任务一在动画中建立动漫角色审美分析、任务二掌握动漫角色绘画技能；项目五基于绘画透视学与造型基础训练的方法，探讨透视常识及其相关术语，通过案例，介绍了使用软件进行一点透视与两点透视场景绘画的完整学习过程。

本书通过详细分析绘画知识与绘画步骤，使读者在由易到难的过程中逐渐掌握技术，最终实现从手绘向数字绘画的无缝转接。本书附有微课视频，方便读者快速掌握软件使用方法、学习绘画技能。

本书的编写成员由5名教师和1名企业专家组成，编写成员通过多次会议研究，共同统筹规划了本书的整体结构。本书由田景娜、陈熙、刘中美担任主编，由康立里、王珺、白子敬担任副主编。其中，由田景娜对全书进行统稿，负责制作案例示意图，并编写项目一、项目五；项目二由陈熙编写；项目三由刘中美编写；项目四由康立里、王珺编写。全书由郑州云画堂教育科技有限公司的企业专家白子敬提供技术支持。在编写本书的过程中，河南职业技术学院数字创意与设计学院的领导与专业建设委员会提出了许多宝贵建议，在此一并致谢。

由于编者水平有限，书中难免存在不足之处，恳请同行专家和读者不吝赐教，及时提出宝贵意见，我们将不胜感激。

编　者

2025 年 2 月

目录

模块一 数字绘画基础理论

项目一　数字绘画概述　002

任务一　了解数字绘画基础知识…………002
　任务描述…………………………………002
　学习目标…………………………………002
　任务分解…………………………………002
　一、专业美术……………………………002
　二、数字绘画及其发展…………………004
　三、数字绘画的应用……………………005
　四、数字绘画的特点……………………006
　五、数字绘画硬件设备及软件…………008
　六、数字绘画流程………………………010
　七、课中实训——ArtRage安装…………012
　自学自测…………………………………018
　课后提升…………………………………019
　评价反馈…………………………………019

任务二　了解绘画的形态认知…………020
　任务描述…………………………………020
　学习目标…………………………………020
　任务分解…………………………………020
　一、形态的概念与类型…………………020
　二、形态的分割与简化…………………022
　三、认知与表现形态的方法……………023
　四、审美原则……………………………027
　五、绘画创作与科学发展………………027
　自学自测…………………………………028
　课后提升…………………………………029
　评价反馈…………………………………029

任务三　掌握软件操作方法……………030
　任务描述…………………………………030
　学习目标…………………………………030
　任务分解…………………………………030
　一、菜单…………………………………030

　二、文件处理……………………………031
　三、贴纸及型板…………………………032
　四、画笔工具及其特点…………………033
　五、软件操作工具………………………034
　六、工具设置……………………………036
　七、图层…………………………………037
　自学自测…………………………………038
　课后提升…………………………………039
　评价反馈…………………………………039

模块二 数字绘画案例项目

项目二　动物绘画　042

任务一　掌握昆虫的绘画方法…………042
　任务描述…………………………………042
　学习目标…………………………………042
　任务分解…………………………………042
　一、观察外形与对称设置………………042
　二、课中实训——昆虫的绘画…………043
　自学自测…………………………………045
　课后提升…………………………………046
　评价反馈…………………………………046

任务二　掌握四足动物——马的绘画方法……047
　任务描述…………………………………047
　学习目标…………………………………047
　任务分解…………………………………047
　一、马的骨骼与外形……………………048
　二、马的绘画方法………………………049
　三、课中实训——马的绘画……………049
　自学自测…………………………………051
　课后提升…………………………………052
　评价反馈…………………………………052

任务三　掌握四足动物——豹子的绘画方法…053
　任务描述…………………………………053

学习目标 ···················· 053
任务分解 ···················· 053
一、猫科动物特点 ···················· 053
二、课中实训——豹子的绘画 ···················· 053
自学自测 ···················· 056
课后提升 ···················· 057
评价反馈 ···················· 057

任务四　掌握海洋动物——海马的绘画方法 ···· 058
任务描述 ···················· 058
学习目标 ···················· 058
任务分解 ···················· 058
一、观察与分析海马外形 ···················· 058
二、课中实训——海马的绘画 ···················· 059
自学自测 ···················· 062
课后提升 ···················· 063
评价反馈 ···················· 063

项目三　写实风格人物绘画　064

任务一　掌握人物绘画分析方法 ···· 064
任务描述 ···················· 064
学习目标 ···················· 064
任务分解 ···················· 064
一、掌握正确的观察方法 ···················· 064
二、加强慢写训练 ···················· 065
三、全面熟悉人体解剖知识 ···················· 065
四、表现鲜活的动态美 ···················· 066
自学自测 ···················· 067
课后提升 ···················· 068
评价反馈 ···················· 068

任务二　掌握写实人体的比例与结构 ···· 069
任务描述 ···················· 069
学习目标 ···················· 069
任务分解 ···················· 069
一、人体比例与外形 ···················· 069
二、骨骼 ···················· 071
三、关节 ···················· 072
四、肌肉 ···················· 074
五、躯干 ···················· 075
自学自测 ···················· 077
课后提升 ···················· 078
评价反馈 ···················· 078

任务三　掌握写实人物头部绘画技能 ···· 079
任务描述 ···················· 079

学习目标 ···················· 079
任务分解 ···················· 079
一、头部结构与比例关系 ···················· 079
二、五官 ···················· 081
三、课中实训——头骨绘画 ···················· 085
自学自测 ···················· 088
课后提升 ···················· 089
评价反馈 ···················· 091

任务四　掌握人物形体的表现方法 ···· 092
任务描述 ···················· 092
学习目标 ···················· 092
任务分解 ···················· 092
一、建立体块意识 ···················· 092
二、人体基本体块的表现 ···················· 093
三、人体运动方式的表现 ···················· 094
四、课中实训——人物动态绘画 ···················· 096
自学自测 ···················· 099
课后提升 ···················· 100
评价反馈 ···················· 100

任务五　掌握人物衣纹的特点与绘画方法 ···· 101
任务描述 ···················· 101
学习目标 ···················· 101
任务分解 ···················· 101
一、衣纹的类型与特点 ···················· 101
二、衣纹的绘画方法 ···················· 103
三、课中实训——衣纹绘画 ···················· 104
自学自测 ···················· 107
课后提升 ···················· 108
评价反馈 ···················· 108

项目四　动漫角色绘画　109

任务一　在动画中建立动漫角色审美分析 ···· 109
任务描述 ···················· 109
学习目标 ···················· 109
任务分解 ···················· 109
一、动画的分类 ···················· 110
二、动画中角色的不同风格 ···················· 112
三、表现动漫角色的注意事项 ···················· 114
四、课中实训——神奇女侠绘画 ···················· 115
自学自测 ···················· 121
课后提升 ···················· 122
评价反馈 ···················· 122

任务二　掌握动漫角色绘画技能 ···· 123

任务描述 ·················· 123
学习目标 ·················· 123
任务分解 ·················· 123
一、动漫的概念 ·················· 123
二、动漫角色的表情 ·················· 123
三、动漫角色的性格 ·················· 124
四、动漫角色的绘画方法 ·················· 125
五、课中实训——动漫角色绘画 ·········· 127
自学自测 ·················· 131
课后提升 ·················· 132
评价反馈 ·················· 132

二、场景中的审美元素 ·················· 136
三、场景绘画的构图 ·················· 138
四、场景绘画中的形式美法则 ········ 139
五、透视的基础知识 ·················· 142
六、课中实训——室内一点透视场景绘画 ···· 150
七、课中实训——室外一点透视场景绘画 ···· 153
自学自测 ·················· 156
课后提升 ·················· 158
评价反馈 ·················· 159

项目五 场景绘画 133

任务一 掌握场景绘画的基本知识 ·········· 133
任务描述 ·················· 133
学习目标 ·················· 133
任务分解 ·················· 133
一、动画中场景绘画的发展 ·················· 133

任务二 掌握两点透视场景绘画技能 ·········· 160
任务描述 ·················· 160
学习目标 ·················· 160
任务分解 ·················· 160
一、课中实训——室内两点透视场景绘画 ···· 160
二、课中实训——室外两点透视场景绘画 ···· 162
自学自测 ·················· 165
课后提升 ·················· 166
评价反馈 ·················· 167

模块一　数字绘画基础理论

本模块讲述数字绘画的基础知识，包括数字绘画及其发展、数字绘画的应用及特点、数字绘画所使用的硬件与软件等。通过软件操作、画笔介绍等，帮助读者掌握软件的基本操作技能，为其深入学习数字绘画软件操作、进行数字绘画创作打好基础。

项目一

数字绘画概述

任务一 了解数字绘画基础知识

任务描述

了解数字绘画的基础知识，了解数字绘画工具及其使用方法。

学习目标

知识目标：1. 认识数字绘画。

2. 认识数字绘画相关的硬件设备与数字绘画软件，了解数字绘画流程。

3. 认识数字绘画的应用与特点。

能力目标：1. 能够调试绘画设备，会安装绘画软件。

2. 能按流程进行数字绘画。

素质目标：1. 对专业美术及数字绘画的历史、文化、背景有充分了解。

2. 建立绘画流程意识，培养良好的审美意识。

任务分解

一、专业美术

在传统教学中，专业美术划分为素描、色彩、速写、形态构成 4 个部分的内容。

1. 素描

素描在《现代汉语词典》中被解释为："单纯用线条描写、不加彩色的画，如铅笔画、木炭画、某种毛笔画等。"广义的素描指单色绘画，从这个层面上说，原始社会出现的壁画，我国半坡文化和河姆渡文化中陶器的纹样，以及我国的水墨画都属于素描。狭义的素描指产生于欧洲科学的造型体系背景下的绘画种类，素描本身是一种重要的美术技法，也是所有绘画的基础，同时还是大多数雕塑和建筑设计的起始步骤。

数字绘画概述

各种素描技法千差万别，能起到不同作用、产生不同效果。在光洁的纸面上，用尖细的硬铅笔或钢笔划线能产生轮廓相对分明的强调线条的素描；而在粗糙的纸面上，采用粗而软的笔具，如软铅笔、蜡笔、粉笔、彩粉笔、炭条，或采用水墨或水粉薄涂，就会产生块面效果。

素描根据其功能可分为两类：一类素描独立成画，是完成的艺术作品；而另一类则不是成品，但也具有内在的艺术价值，这类素描包括一般的风格习作，如轮廓画、人体写生素描、石膏写生素描、临摹素描等。

2. 色彩

色彩是重要的艺术语言，也是一种重要的绘画表现手段。在绘画中色彩起着独特的作用，它在塑造人物、描绘景物等方面，可以起到引人入胜、增强作品艺术效果的作用。巧妙地运用色彩，能使艺术作品增加光彩，给人的印象更强烈、更深刻，且塑造的艺术形象也能够更真实、更准确和更鲜明，更能表现生活和反映现实，因而也就更富有吸引力和艺术感染力。我们经常能看到，有的绘画作品虽然构图一般，但由于色彩处理得恰当，还是能吸引观者；与此相反，有的作品在构图、透视、解剖等方面都具有一定水平，但在色彩处理和运用上存在问题，这幅作品就稍显逊色。

例如，在肖像画中，一张描绘工人形象的油画肖像画，形体结构和神态都表现得很好，但是色彩很脏、很灰暗，或者是用笔太"燥"，画面中色彩纯度与明度过于接近，导致画面生硬粗糙，这样不仅破坏了形和神，还可能造成丑化工人形象的不良效果。肖像画是这样，风景画和其他主题性创作也是这样。如一幅需要表现欢乐、热烈气氛的画，作者使用了灰色调或冷色调，那么这幅画无论在其他方面表现得多好，它还是不能达到预期的艺术效果。这是因为色彩在人们视觉上的作用很独特，且色彩在表现上往往感性多于理性，它在画面上最富有感情效果。色彩能深入刻画形象，抒发情感，烘托气氛，准确、鲜明、生动地表现生活，这些独特的作用，是其他艺术语言所替代不了的。一般从事绘画工作的人，对色彩都十分重视。

3. 速写

速写是快速准确、简练概括地描绘客观对象的一种绘画方法。速写有广义和狭义的概念，其广义的概念覆盖范围较广，包括不同工具种类、不同表现形式、不同表现内容等的速写；其狭义的概念即我们通常所看到的单色速写，严格地讲它属于素描体系之列，且是一种相对独立的艺术形式。

速写常被绘画者用来进行绘画学习和记录生活，为创作准备素材。勤画速写有利于绘画者保持新鲜感、敏锐感，并提高对可视形象的感觉能力。在画速写时，快速的描绘要在有一定造型能力及理解能力的基础上进行，这样才能完美地表达与体现所绘对象。常练速写可以帮助绘画者习得下笔准确的"硬功"，改善反复修改和犹豫不定的不良习惯。

4. 形态构成

形态构成是一切造型艺术的基础。将客观形态分解为不可再分的基本要素，研究其视觉特性、变化与组合的可能性，并按力与美的法则将基本要素组合成所需的新的形态，这种分解与组合的过程即形态构成。

二、数字绘画及其发展

数字绘画属于绘画艺术领域，是绘画艺术中比较新的一个门类。同时，数字绘画也是随着计算机技术的发展而发展起来的，是计算机图形学（Computer Graphics，简称 CG）的一个发展方向。数字绘画的发展与数字绘画工具的发展密切相关，从简单图形图像的绘制与处理，到模拟传统绘画的笔触效果，再到发展出独特的数字绘画语言，数字绘画经历了不同的发展阶段，逐渐发展成为一个相对独立的绘画艺术门类。

数字绘画就是使用数字绘画工具进行绘画创作的过程。我们对数字绘画的认识也应该从"新的绘画工具的使用"转变为"使用数字绘画工具探索数字绘画语言，利用新技法创作出具有新形式、新效果的数字绘画作品，以表达特定的思想与观念"。

数字绘画属于实用美术和商业美术的范畴，具有艺术性、商业性及时尚性。数字绘画在技术方面的优势与特点，使得数字绘画在各行业的实际应用中逐渐发展与成熟起来。数字绘画已经在图形图像处理、插画漫画、艺术设计、电影、游戏、动画等文化创意产业中得到了普及与应用，逐渐变革了相关产业的工作流程和制作工艺，数字绘画这一绘画形式本身也成为商业绘画项目的主流表现形式。使用数字绘画工具进行数字绘画创作已经是设计师、插画师、漫画师、影视动画等相关从业人员必须掌握的一项基本技能。

数字绘画的出现依托数字技术的发展，与计算机技术的快速发展息息相关。电子数值积分计算机（Electronic Numerical Integrator And Computer，简称 ENIAC），是继阿塔纳索夫 - 贝瑞计算机（Atanasoff-Berry Computer，简称 ABC 计算机）之后的第二台电子计算机和第一台通用计算机，是 1946 年 2 月在美国宾夕法尼亚大学问世的。

1951 年，电子计算机 UNIVAC 诞生，设计者是约翰·皮斯普·埃克特和约翰·莫奇利，被美国人口普查部门用于人口普查，标志着计算机进入了商业应用时代。20 世纪 60 年代，库利和图基提出"快速傅里叶变换算法"（Fast Fourier Transform，简称 FFT）之后，人们逐步开始利用计算机对图像进行加工处理。

进入 20 世纪 90 年代，随着个人计算机的普及使用，新一代的艺术家逐渐将计算机变成艺术创作的工具与媒介，艺术创作的过程也从传统走向数字化。1990 年 2 月 Adobe 公司开发的图像处理软件——Adobe Photoshop 版本 1.0.7 正式发行，后来经过十几年的发展和不断升级，Photoshop 成为了图像处理的佼佼者。20 世纪 90 年代初，Fractal Design 公司开发了一款专业计算机美术绘画软件 Painter，它能够通过数码技术高度模拟自然媒介的效果，成为以数码工具来模仿传统绘画形式的专业软件。

2008 年 12 月日本 SYSTEMAX 公司发布了一款专业的绘画软件 SAI，与其他绘画软件不同的是，SAI 给众多数字插画家及 CG 爱好者提供了一个轻松创作的平台。SAI 的设计极具人性化，其追求的是与数位板极佳的兼容性、绘图的美感、简便的操作及为用户提供一个轻松绘画的平台。SAI 突破了计算机绘画过于精确的程式，拥有丰富多变的仿真效果笔刷，有些笔刷甚至可以模仿得惟妙惟肖，达到以假乱真的程度。

数字绘画发展到今天，有广泛的传播性和经济适应性，脱离了简单的模仿，逐渐形成了自身所独有的艺术特色。

三、数字绘画的应用

传统绘画按照其所使用的绘画工具进行分类，可以分为油画、水粉画、水彩画、水墨画等类型。虽然数字绘画与传统绘画的主要区别就是绘画工具的不同，但是数字绘画不能简单地以绘画工具进行区分。数字绘画不仅可以使用各类虚拟画笔模拟出油画、水粉画、水彩画等传统绘画的效果，还可以创造出各类传统绘画工具无法表现的新效果。

数字绘画的应用十分广泛，可以按照行业应用进行分类。

第一类是插画与漫画中的应用，这是数字绘画应用的主要方向；第二类是在电影、游戏、动画的设计制作环节中的应用；第三类是在其他艺术设计中的应用。

● ── 1. 插画与漫画中的应用

随着计算机的普及，人们开始尝试使用数字绘画工具进行插画、漫画创作。自20世纪90年代以来，计算机硬件与数字绘画软件不断地升级换代，数字绘画的方式与技法逐渐发展、成熟起来。

现如今，插画与漫画的全部绘画工作都可以使用数字绘画工具完成，实现了数字化变革。同时，绘画者们为了实现自己想要的艺术效果，会根据创作需要任意选择数字绘画软件中的各种工具，选择各具特色的绘画方法。

● ── 2. 电影、游戏、动画中的应用

电影、游戏、动画的前期设计阶段非常相似，这一阶段所需要的各类设计图可以使用数字绘画工具进行绘制。例如，前期概念设计图、角色设计图、分镜头脚本与故事板等。

由于电影、游戏、动画的制作流程与工艺不同，进入中期制作后，电影会使用摄影机进行实拍，游戏会按照策划及美术设计的要求进行下一步的游戏程序开发与制作。而与电影、游戏不同的是，制作动画，特别是二维动画的各个环节都会使用到数字绘画软件。

● ── 3. 其他艺术设计中的应用

数字绘画在艺术设计相关的各个行业中都得到了普遍应用，例如书籍设计、广告设计、包装设计、建筑设计、工业设计、服装设计、装饰设计等。人们可以利用数字绘画快速画出各类设计图、效果图，呈现设计的最终效果。另外，数字绘画软件具有强大的修图功能和图形图像处理功能，在影视后期制作等方面应用广泛。

四、数字绘画的特点

● ── 1. 技术特点

（1）存在方式的不唯一性和虚拟性

数字绘画的不唯一性与传统绘画的唯一性是完全不同的，可以说是颠覆的。数字绘画创作于计算机上，作品的保存方式是虚拟的，且作品可以无限复制。从美学角度讲，数字绘画在构图、线条、色彩、明暗等方面都是与传统绘画无异的，也就是说，它的艺术价值并没有因为它新颖的创作方式及不唯一性而打折扣。就这个层面而言，数字绘画的出现，是艺术领域具有革命意义的一次大进步。

数字绘画的特点与所需设备

（2）创作过程方便快捷

绘画者可以通过鼠标、数位板、压感笔等设备在计算机上进行创作，实现无纸绘画。数字绘画省去了大量的绘画准备时间和昂贵的画材费用，让绘画者可以第一时间就投入到绘画中去，这样方便快捷的形式大大提高了绘画者的创作效率。

从绘画的过程来看，所有的数字绘画软件都有擦除和修改的功能，无论是国画水墨特点的笔刷还是油画笔触风格的笔刷都可以进行擦除和修改。这就使得绘画者的绘画创作更为方便，减少了创作中弥补失误所花费的时间，打破了传统绘画创作中的不可逆性，使效率大幅提升，为艺术的探索节约了时间成本和经济成本。

（3）软件操作的必要性

进入计算机时代之后，数字绘画发展迅速，数字绘画技术被绘画者们熟悉并掌握，越来越多的绘画者的创作方式转向数字绘画。数字绘画相关的软、硬件开发人员则一直不断改进计算机软、硬件的使用方式，使其尽量接近传统绘画的形态。随着数字绘画软件的快速发展和更新，软件中强大的功能和精美的特效也在不断更新与优化。

相对于传统绘画而言，数字绘画技巧比较简单，容易上手。但是作为一种绘画形式，数字绘画和传统绘画一样，必须通过大量的实践和练习才能达到较高的水平。在数字绘画练习与创作中，熟悉相应的工具和软件、掌握基本操作技巧是十分必要的。

2. 艺术特点

（1）色彩丰富

数字绘画色彩的丰富程度和准确程度是传统绘画无法比拟的。传统绘画通过颜料和画布进行创作；绘画时观察到的色彩受光源影响很大，并且通过色料调制出的颜色有限，远不如数字绘画软件中的色彩丰富。

（2）作品的真实性与准确性高

"模仿说"绘画理论现在还在影响着很多人，人们对于绘画最浅层次的品评，都会以"像"或"不像"为标准。而摄影技术诞生后，这种理论受到了巨大的冲击，摄影技术快速而强大的描摹自然的功能，一度让人们认为绘画艺术将要消亡了。而事实上，绘画艺术不但没有消亡，反而有了一个全新的局面，绘画者们开始研究更深层次的表现，比如对于自然界中的美的元素的提炼、对于客体的情感表达等，这赋予了绘画艺术更深层次的意义，从这个角度来说，摄影技术实际上是解放了绘画艺术。在今天，对自然的模仿和写实依然存在，依然有绘画者对于这样一种绘画理念及绘画方式情有独钟。而数字绘画为这样的绘画创作提供了强大的技术支持。目前的数字绘画软件有各式各样的笔刷，如油画笔刷、水彩笔刷、水墨笔刷、铅笔笔刷等，集合了各种优势为写实绘画创作提供便利。目前，甚至有些写实数字绘画艺术作品的细腻程度和逼真程度已经超过了照片。

在准确性方面，传统绘画与数字绘画也是无法比拟的。传统绘画中，所有的准确性以人的感觉为标准，比如，绘画者在使用一种色彩或者需要在画面中确定一个准确的位置的时候，更多是依靠自己的感觉，无论是技术多么熟练的绘画者，徒手进行调色和定位无法做到完全准确，其所能做到的也只是无限地接近其所想要的色彩和位置。而数字绘画在创作时精确的记录和运算优势就显现出来了，在色彩的准确把握上，绘画者可以通过修改数值对某种颜色进行编辑和使用，这种方法可以准确到丝毫不差；而在造型上，数字绘画利用软件技术，可以精确地建模，然后贴上各种材质，再准确地打上各种光线，创作出来的画面足以以假乱真。以前人们需要花费大量的时间通过手绘才能呈现的效果，现在利用数字绘画可以较为轻易地完成，并且效果不俗。

（3）传播的广泛性

除了创作方法上的方便快捷和色彩丰富等特点外，数字绘画传播的广泛性也是使其区别于传统绘画的颠覆性的特点之一。由于数字绘画一般在计算机上创作，作品是虚拟且可以复制的，所以其作品很容易通过各种数字媒体来传播，并且传播过程中对作品质量几乎没有影响，可以在保证原作效果的前提下进行广泛且有效的传播。

五、数字绘画硬件设备及软件

1. 计算机

数字绘画对于计算机硬件设备的要求不高。以运行数字绘画软件 Painter 为例，计算机硬盘要留有用于应用程序文件的 600MB 左右的硬盘空间、1GHz 或更快的中央处理器、1GB 左右的内存，显示器分辨率能达到 1280×800 像素即可。数字绘画硬件对于键盘和鼠标没有特殊要求。

2. 绘画工具

目前，市面上的绘画工具产品有 3 类。第一类是普遍使用的数位板，如图 1-1 所示，配有压感笔。将数位板与计算机主机连接后，即可安装数位板驱动程序。驱动程序安装完成后，压感笔在数位板上的活动区域会与显示屏幕相匹配，并能在数字绘画软件的绘画界面中画出有压感变化的笔触。目前这一类产品是市场上的主流产品，其价格合理、产品成熟，是个人与公司采购的首选类型。

图1-1　数位板

第二类是液晶数位屏，如图 1-2 所示，可以同时用作显示器与数位板，配有压感笔。液晶数位屏与计算机主机连接后可以直接在屏幕上进行绘画，例如 Wacom 的"新帝"系列数位屏，整个数位屏既是计算机显示器又是数位板，可以说它将显示和手绘功能结合得非常好，既相互结合，又互不影响。

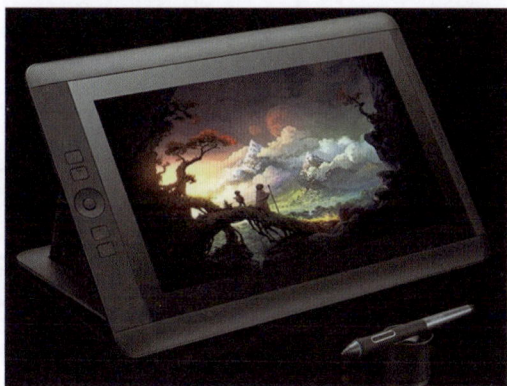

图1-2　液晶数位屏

第三类是数位屏平板电脑，如图 1-3 所示。数位屏平板电脑将计算机主机、显示器、数位板、键盘等设备的功能全部结合在一起，是一种一体机设备，配上压感笔就可以进行绘画。

图1-3　数位屏平板电脑

目前，数字绘画主流的工具还是数位板，市面上数位板的品牌有很多，比较知名的有 Wacom、汉王、友基等。各公司也针对不同用户的需求推出了多个系列和型号的数位板产品，我们可以根据不同的经济条件和用途购买最佳性价比的数位板产品。对于初学者来说，购买 2048 级压感的中号或者小号数位板即可。

拥有好的硬件设备和绘画工具固然重要，但是也要清醒地认识到，拥有好设备和工具不一定就能画出好作品，绘画工具不能决定绘画者水平的高低。对于初学者来说，在较短的时间内可以掌握数字绘画工具的使用、适应数字绘画方式，但是艺术修养、审美水平、绘画水平的提高则需要长时间的积累与沉淀。

3. 数字绘画软件

从广义上来讲，能够用于数字绘画创作的软件就属于数字绘画软件。因此，很多软件都可以称作数字绘画软件。例如，Windows 系统自带的"画图"工具就是数字绘画软件的一种，只不过在功能、画笔效果等方面没有专业的数字绘画软件强大。目前常用的数字绘画软件有 ArtRage、Photoshop 、Painter、SAI 等，数字绘画软件图标如图 1-4 所示。

ArtRage　　Photoshop　　Painter　　SAI　　Illustrator　　CorelDRAW

图1-4　数字绘画软件图标

六、数字绘画流程

数字绘画流程大体可以分两种。一种是用线起稿，用线起稿画图的优点是可以更加直观便利地表现穿插结构，在起稿阶段可以不用拘泥于物体体积而把精力着重放在造型上，同时，更换配色方案也更加快捷方便；缺点是纯线条表现写实风格会相对比较困难，在交代细节信息和表现精细质感方面没有色块直观。另一种是色块起稿，通过使用不同颜色的色块，可以快速地表现出物体的外形、光影与特点，进而进行细节的填充和调整。使用色块起稿有三个优势：一是高效，色块起稿可以快速地描绘出物体的基本形态和体积；二是便捷，色块可以轻松地进行修改和调整，方便绘画者在创作过程中进行尝试和探索；三是直观，色块可以直观地呈现画面的整体效果，使绘画者可以更直接地评估和完善画面。数字绘画流程如图 1-5 所示。

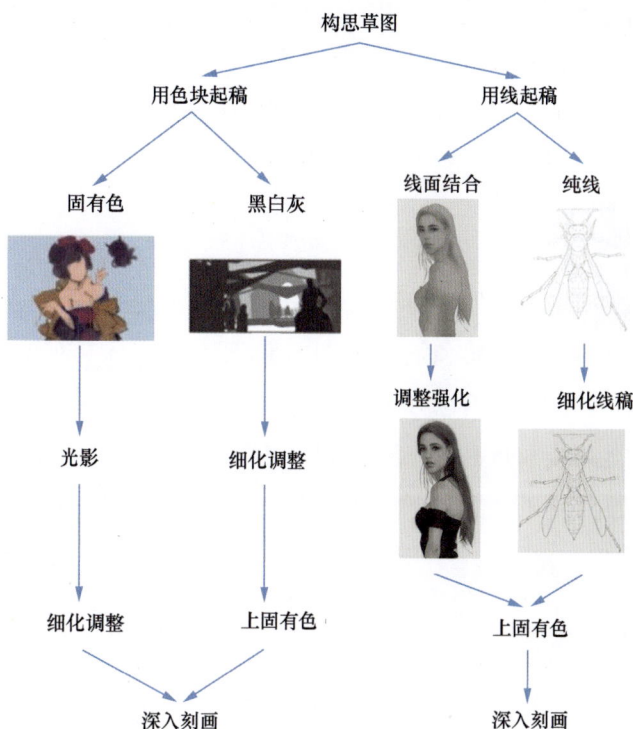

图1-5　数字绘画流程

除了用线和色块起稿两种基本的绘画方式外，每位绘画者都有不同的绘画习惯和不同的创作步骤，但一般情况下都会经过设备和素材准备、草图构思、起稿、上色与调整、光影与特效表现这几个步骤。

1. 设备和素材准备

首先，在开始创作数字绘画作品之前，我们需要准备好所需的设备与素材。通常情况下，我们需要使用计算机、数字绘画软件、数位板等设备，以及参考图像、笔刷安装包等素材。

其次，还需要确定作品的主题和风格，不同的作品需要采用不同的制作技巧和风格，因此我们需要根据作品类型的不同来制订创作计划。

2. 草图构思

草图构思是指进行必要的草图和色彩方案的构思与设计，思考作品需要实现什么样的效果，例如，要呈现什么样的构图、表达什么主题、表现什么样的背景和周边的环境，呈现什么样的风格等，以及确定在相应软件里通过什么技术手段来实现这些效果。数字绘画草图的构思过程与传统绘画在本质上是一致的。

3. 起稿

草稿是数字绘画创作的基础，它承载了整个作品的结构和形象。起稿可以使用手绘的方式，然后将草稿扫描到计算机中，或者直接使用数字绘画软件画草稿。草稿要求准确、清晰，可以使用不同粗细的线条和不同颜色来表现形态和层次。

4. 上色与调整

上色是数字绘画中最具有创意和表现力的一步。在上色时，可以运用不同的色彩来搭配和调和，以表现不同的情感和氛围；可以使用渐变工具和具有纹理的笔刷来增加画面的立体感和质感；同时，还可以尝试使用艺术滤镜和特殊效果来对画面进行修饰，打造个性化的风格。为了使画面更好地表现作者的意图和创作要求，可以调整画面的亮度、对比度、色调等参数，使画面更加清晰和饱满。此外，还可以选择不同笔触的笔刷来调整画面的细节和纹理。

5. 光影与特效表现

数字绘画借助光影与特效处理技术，可以实现更加真实的画面效果。例如，画面中的光线反射、光影变化、色彩变化等都可以在数字绘画软件中模拟出来。

七、课中实训——ArtRage安装

1. 下载ArtRage软件并启动安装程序

以 ArtRage 5 为例，在 ArtRage 官网下载安装包。下载完成后，在文件夹中双击"install_artrage_ 5_windows.exe"应用程序，在弹出的窗口中进行安装操作。单击"..."按钮可以更改软件安装目录，勾选"I agree to the License terms and conditions."同意安装许可，即可单击"Next"继续进行安装，启动安装程序如图 1-6 所示。

ArtRage安装

2. 创建桌面快捷方式

可以勾选"Desktop"创建桌面快捷方式，如图 1-7 所示，以便日后更方便地启动程序。

3. 安装

单击"Install"等待安装进程，如图 1-8 所示。

图1-6 启动安装程序

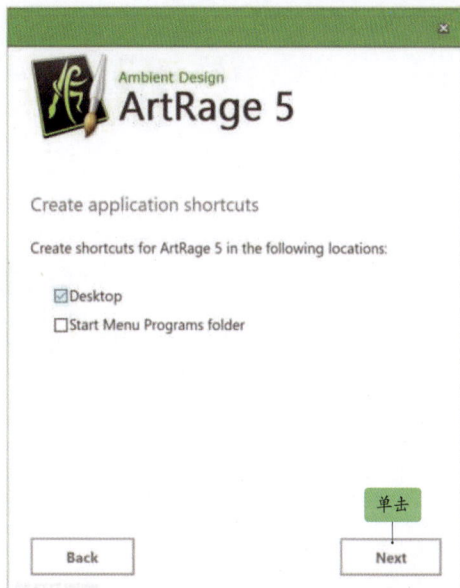

图1-7 创建桌面快捷方式

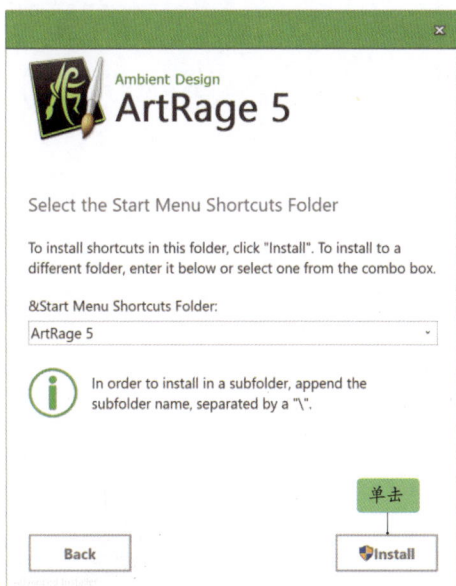

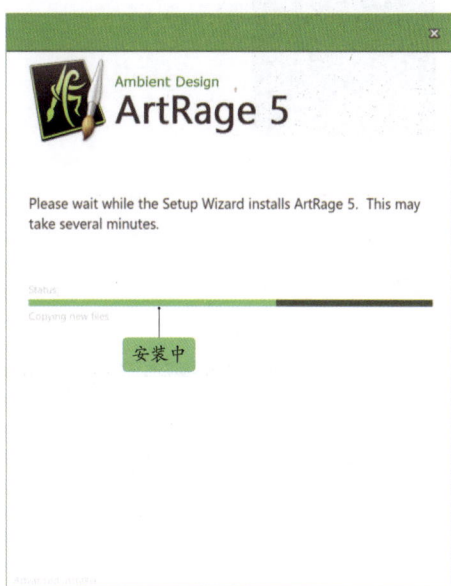

图1-8 单击 "Install" 等待安装进程

单击 "Finish" 完成安装，如图 1-9 所示。

4. 注册

在文件夹中找到 "ArtRage.txt" 并双击打开，复制序列号，即 "Serial Number:" 后的字符串。打开安装好的 ArtRage 5，将复制好的序列号粘贴到弹出的窗口中，单击 "OK"，随后关闭软件。注册页面如图 1-10 所示。

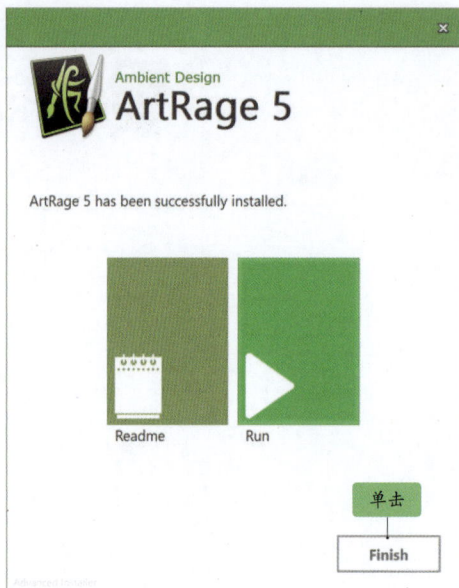

图1-9　单击"Finish"完成安装

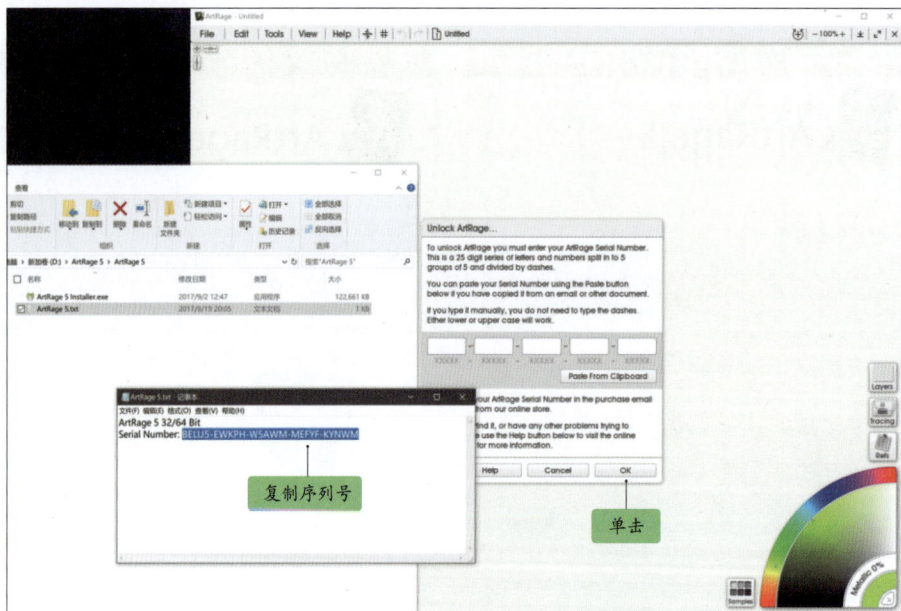

图1-10　注册页面

5. 汉化

将汉化补丁文件夹中的"CN"文件夹复制到 Languages 文件夹中，汉化步骤如图 1-11 所示。

6. 语言设置

进入 ArtRage 5 软件，单击"Help"下拉列表中的"Select Language"，选择"简体中

文"。语言设置如图 1-12 所示。

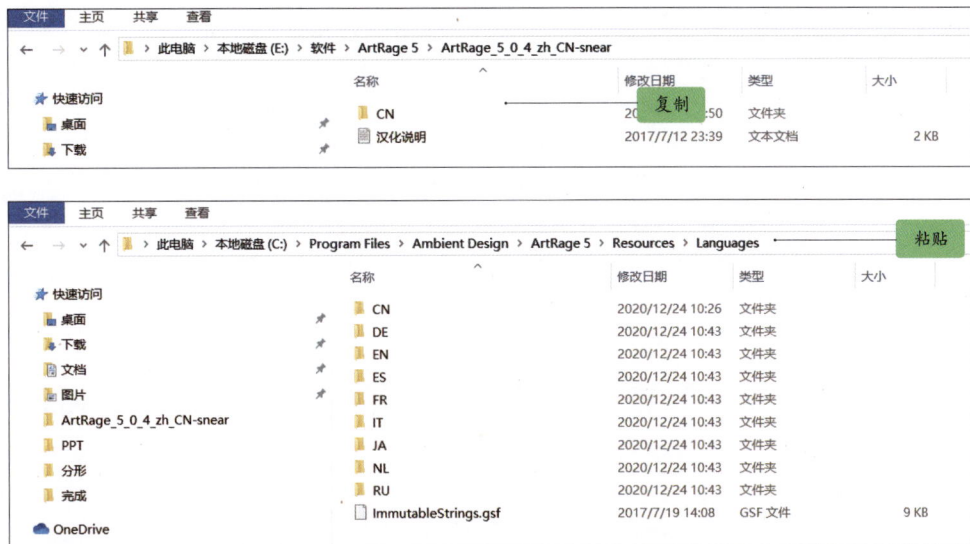

图1-11 汉化步骤

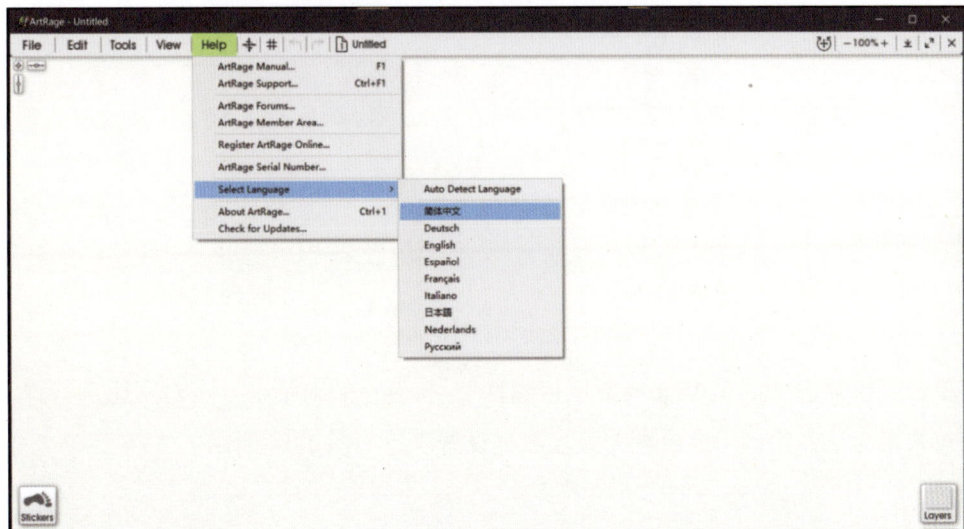

图1-12 语言设置

7. 测试压感

安装数位板驱动。驱动安装包随数位板一同售卖，绘画者也可以在数位板对应品牌的官网下载对应型号的驱动安装包进行安装。以在 Windows10 系统中安装 Wacom 数位板驱动为例，驱动安装完成后，单击"控制面板"，找到"所有应用"并单击打开，单击"Wacom 数位板"，如图 1-13 所示。

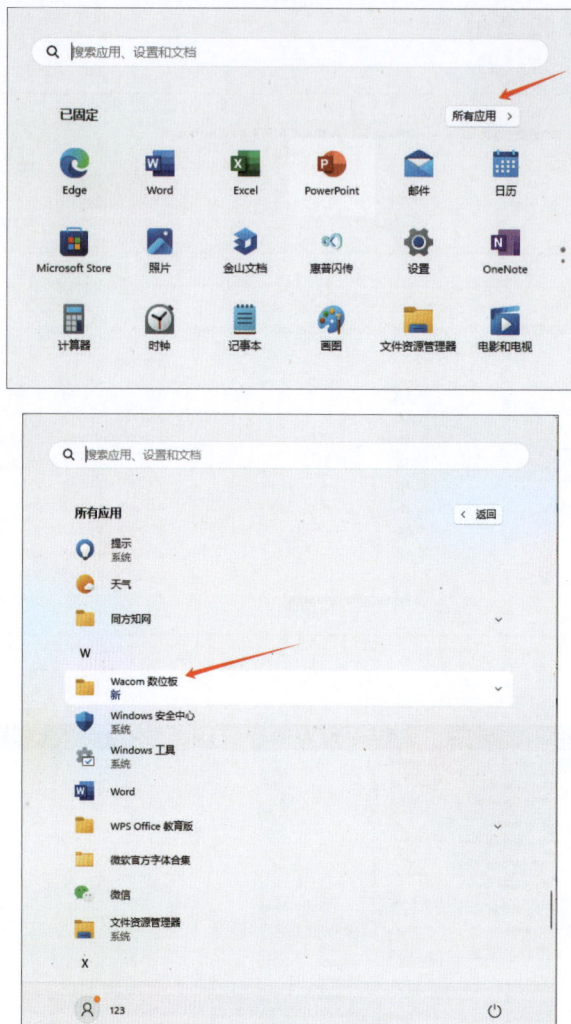

图1-13　找到并单击"Wacom数位板"

单击下拉列表中的"Wacom 数位板属性"，打开设置对话框，可对压感进行详细设置，可根据自己的绘画习惯设置相关参数，设置压感如图 1-14 所示。

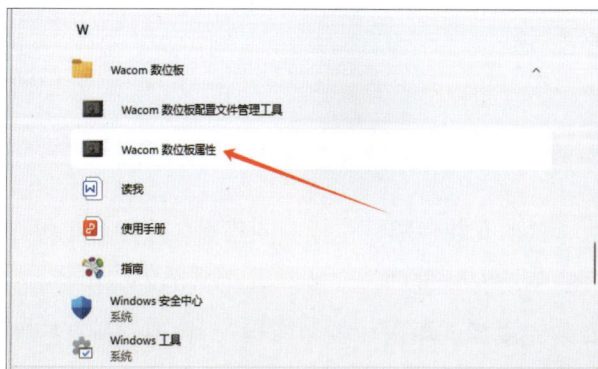

图1-14　设置压感

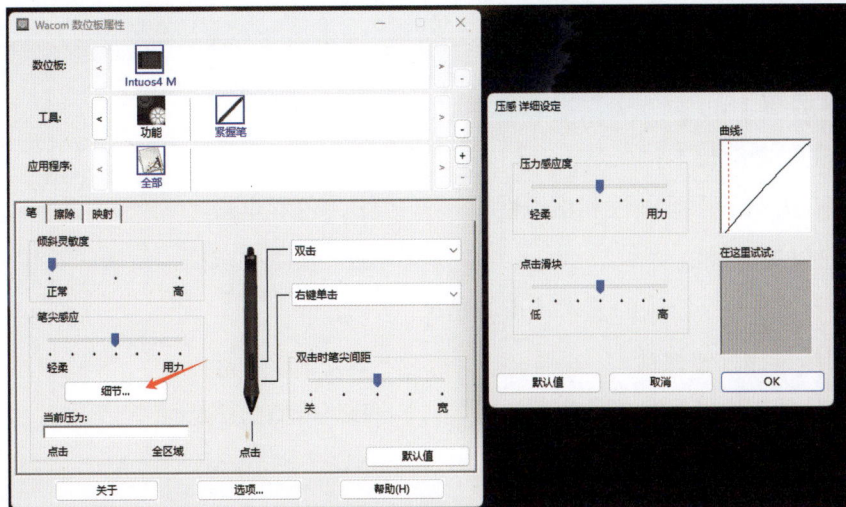

图1-14　设置压感（续）

　　压感设置完成后，用压感笔在数位板上左右划动，如果"当前压力"栏会随用力大小产生变化，就说明数位板驱动安装成功且使用正常。"当前压力"栏如图 1-15 所示。

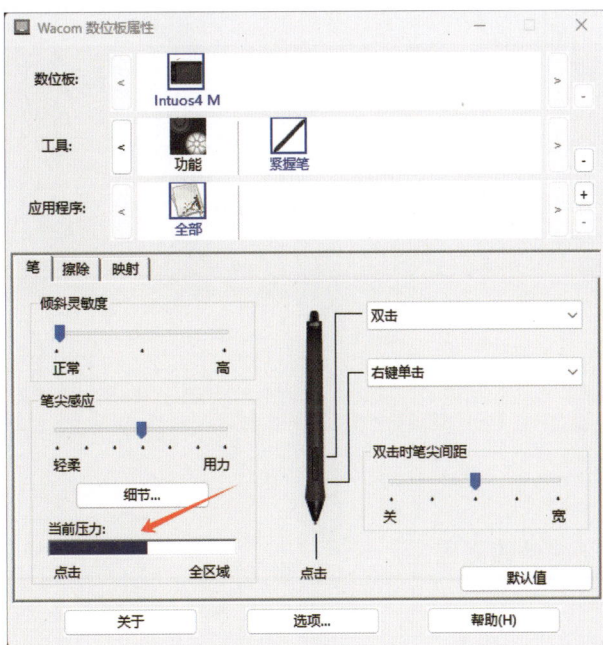

图1-15　"当前压力"栏

自学自测

一、单选题

1．数字绘画的技术特点是（　　　）。

A．存在方式的不唯一性和虚拟性　　　　B．色彩丰富

C．传播的广泛性　　　　　　　　　　　　D．技术要求高

2．以下不是数字绘画的艺术特点的是（　　　）。

A．创作过程方便快捷　　　　　　　　　　B．色彩丰富

C．作品的真实性与准确性高　　　　　　　D．传播的广泛性

3．数字绘画必备的工具有（　　　）。

A．画纸　　　　　　　B．铅笔　　　　　　C．橡皮擦　　　　　D．数字绘画软件

4．数字绘画所需的工具中，软件设备包括（　　　）。

A．计算机　　　　　B．数字绘画软件　　　C．键盘　　　　　　D．鼠标

二、简答题

1．简述专业美术的内容。

2．简要概括数字绘画的流程。

课后提升

任务 1：认真阅读 ArtRage 5 的安装说明文件，在计算机上安装软件并测试压感。若在安装过程中有注册不成功的情况，请找出原因并提出解决方案。

任务 2：绘画软件及数位板驱动安装成功后使用的画笔工具是否能满足你的绘画需求，如果不能，你希望用什么画笔来完成绘画？

评价反馈

个人自评打分表　　　数字绘画常用的　　　教师评价表
　　　　　　　　　软件安装调查表

任务二 了解绘画的形态认知

任务描述

正确认识绘画中的形态，了解形态的类型与表现方法。

学习目标

知识目标：了解自然形态与人工形态。

能力目标：认识自然形态对绘画的重要作用，掌握认识与表现形态的方法。

素质目标：提高对形态的认知水平和审美水平。

任务分解

大千世界的美无处不在，客观世界的丰富性决定了审美对象的多样性，审美对象因其存在的范围和形式不同而呈现出各具特点的美。对美的形态的考察及分析，可以帮助绘画者更具体地认识美，认识形态的丰富性和画面表现方式的多样性，从这两方面把握，可以有效指导绘画者欣赏美、创造美。

绘画的形态认知是所有绘画创作的基础，是进行数字绘画创作的重要步骤。

一、形态的概念与类型

世界是由各种各样的形态构成的，任何事物都可以看作是一种形态，形态也是事物内在本质的外在表现。在艺术设计学科中，形态包括4个部分的内容：形态认知、形态构成、形态语意、形态表达，它们之间是相互关联、相互递进、相辅相成的。形态认知强调学习绘画时的造型能力和艺术设计能力，形态认知要从观察我们身边事物的形态开始，分析事物的形态结构与功能，从而进入形态的创作中去。形态认知强调绘画者对绘画造型、艺术设计的学习，需要绘画者综合以前所学习到的知识，从自然、科学、人文、社会等各个角度，对周围世界有一个更高级、更细致、更独到的认识，并且了解各个形态的产生过程与存在形式。而形态表达是走向不同艺术专业创作的一个桥梁，绘画者从这里向各个专业方向进行过渡，研究各种绘画形态和艺术设计的表达方式和方法。因为绘画、设计作品最终要展示

形态认知

表达出来，才能向他人直观明确地表现某一事物的形态。

形态的类型包括自然形态与人工形态两种。

根据自然形态进行绘画训练，是一般绘画者学习绘画的开始。自然形态是我们所见到的诸多形态中非常有代表性的一种形态，指自然形成的各种可视或可触摸的事物的形态，如高山、瀑布、树木、溪流等，如图1-16所示。来源于自然的事物可以激发设计的灵感，一般来说，自然事物的内部与外部结构是互相统一的。自然事物的内部隐含了一般无法被看到且富于功能性的结构，一个常态的自然事物也可能产生众多的随机形态，这些多样的自然事物及其形态大大丰富了人们的视觉经验。

图1-16　自然形态

人工形态，指由人设计并制造产生的事物的形态，是人有意识、有目的的创造活动的结果。人工形态也有一些标志性的特征，其往往结构规整、严谨，比如建筑、汽车、服装、雕塑等，如图1-17所示。与自然形态的随机性不同，大多数的人工形态都拥有对称、放射等固定特征。

图1-17　人工形态

人工形态与自然形态有所区别。人工形态具有目的性及社会性等特征，根据人工事物的使用目的不同，其形态的特征、美感也不尽相同。

二、形态的分割与简化

无论是自然形态还是人工形态，都需遵循形式美法则，例如对称均衡、调和对比、节奏韵律、多样统一等。

绘画者在绘画时，需要把握形态的视觉信息，掌握不同形态的组织规律，能够主观地将实际事物的形态转化为艺术形态，将具象形态转化为抽象形态。

在掌握形态的组织规律后，即可学习形态的分割与简化。一幅画面可以分割为正负形关系，负形是绘画中重要的研究课题，负形一般指画面的空白区域，是一种非常重要的形态区域。比较中西方的绘画作品，中国画中的空白区域可能代表云、水、雾等事物，会有大量留白，而西方传统绘画的空白处理则明显不同。另外，在现代绘画中，空白不再仅仅是背景，而且一种设计的元素，平面设计中空白的区域更是不容忽略。总之，画面中分割的正形与负形、实在区域与空白区域要联系起来处理、互为依托，在绘画作品中要学会利用正负形的相互关系，去创作出更有表现力的艺术形态。除了分割以外，也要对形态进行简化。对形态的简化到极致的画面是概括、抽象的，这是符合绘画学习的逻辑的，即写生物体—解析形态—抽象变体。例如，毕加索的《公牛》系列中，可以看到牛的形态的简化过程，如图1-18所示。

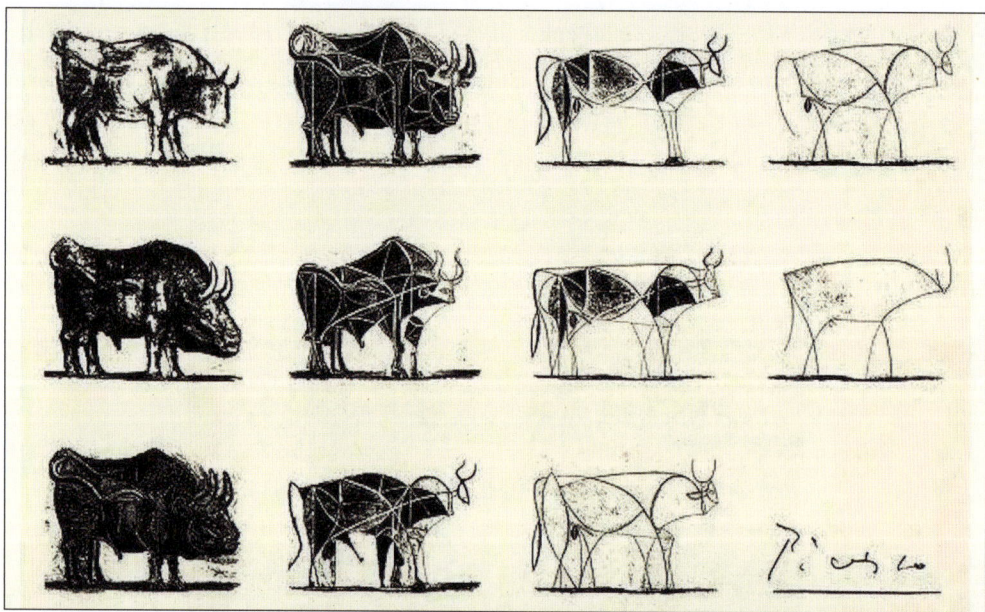

图1-18　毕加索的《公牛》系列

在绘画创作中，理性的推理是有方法的，但方法并不是艺术创作的最终目的，不应流于形式。所以我们在表现形态时，要注重最终把感受、感觉明确表达出来。通过对形态结构进行分析、提炼，可以提升对自然事物敏锐的观察能力和分析能力，提升对形态的感悟能力，从而最终达到对事物的艺术性创作，如蒙德里安的《树》系列，如图1-19所示。绘画创作中，重要的是认识与观察事物，转变思维方式。绘画者需要深入认识形态，超越对外在形式的描摹，达到主动的认识与创造，并把基础训练有机地同绘画创作、专业方向联系起来，全面提高造型能力。

图1-19　蒙德里安的《树》系列

三、认知与表现形态的方法

1. 艺术观察

认知与表现形态的关键在于艺术观察的方法。人类艺术观察的方法经历了以下两个时期。

（1）原始时期

原始时期指人类未经启蒙教育，眼球看到的事物直接反射到大脑中枢神经形成画面的时期，是获得形态的认知的相对单纯的阶段。由于这种观察方法是没有经过学习、思考的，可以说是一种本能的、朴素的动物性行为，还不是具备更多的思想情感或具有探索性的方法，因此这一时期的观察者更不可能有意识和能力去捕捉事物背后潜藏的文化指向性和文化价值。

（2）限制时期（学习阶段）

经过人类社会的不断发展，很多人花费大量的时间来观察和分析他们周围的世界，努力捕捉事物背后潜藏的意义。这时，人们就把自然和文化连接在一起了。然而随着人们年龄的增长、知识的不断积累，人们的认知范围不断扩大，对事物形态的观察与认识也随之改变，这种变化会渐渐地成为一种视觉屏障，顽固地控制着人们对事物形态的认识，使人们形成视觉经验，阻碍人们对客观事物真实的观察。

在美术院校，青年学生在专业教师的指导下，对实物进行观察、研究，并如实表现客观世界、描绘事物。一般美术学校都开设写生课，这是非常重要的必修课程，其目的就是培养学生客观、真实地再现客观世界与事物的能力，并通过透视学、人体解剖学、色彩学、结构力学等，把观察到的事物进一步客观、真实地描绘出来。

经过现代科技的发展，计算机辅助观察成为现实，新技术帮助人们观察到了前人无法用肉眼观察到的世界的美。同时，一部分知名艺术家和科学家也在不断进行实践和有益的探索，使科学技术与艺术相互启发。在具体的实践中，面对种种新事物的出现，绘画者需要学习的太多，必须掌握的知识范围在逐步扩大，信息的接收也与以往不同，如何整合这些信息，如何保持清醒的头脑、创造独特的艺术作品，必须先从研究素材的观察方法入手。

2. 选择创作素材

绘画创作中的素材是画面中要直接描写的对象，它是绘画者对客观生活有所感悟而选取来予以加工表现的生活材料。绘画者通过对这些材料进行有意识的选取、提炼、加工，使之上升为能表达绘画者思想感情的题材，帮助绘画作品的形式和主题得以完善。因此，在选择创作素材时，首先必须考虑的是，素材的选择是否有助于深度表达主题，这是画什么的问题；其次是，素材的选择是否符合个人的审美情趣，在表现技法方面是否有难度，这是怎么画的问题。必须要选择合适的创作素材，才能解决这两个问题。

3. 分形

分形是一个由美国科学家曼得布劳特于 1975 年造出的名词。分形几何及其概念在大多数自然科学的研究中成为了主要工具。同时，分形因能造出新的、真实的、美丽的形态而引起图形设计者和电影制作者的

分形

兴趣。在艺术领域，分形在对自然的真实再现方面起着主要作用。分形形态看起来复杂，但它们产生于简单的图形与特定的组合规则。分形就在我们身边，是一种具有普遍性的形式，如我们身体中的血液循环系统、肺气管、大脑皮层神经、消化道的小肠绒毛等是分形，自然界中的参天大树、连绵的山脉、奔涌的河水、飘浮的云朵等也是分形，如图1-20、图1-21所示。人们对具有分形特征的事物十分熟悉，也能领略到分形之美。

图1-20　大树

图1-21　云朵

　　分形艺术是规则之美，是由提取的简单元素符号，通过艺术规律之一的重复规律来营造复杂美感。正如老子所言："道生一，一生二，二生三，三生万物"，从复杂中找到规律，即简单的"一"，了解了"一"，抓住了局部特征，便可以推知整体。分形艺术其实早在分形这一概念确立之前就已经被人们关注和使用了，但是人们并没有意识到它与数学的关系，而只是以临摹自然的形式在众多领域将它的美再现，比如架上绘画、建筑设计、音乐创作、装饰设计等都在局部或者整体上展现了分形的美，这种美因为符合大自然的规律所以总是给人们以感动和温暖。例如，著名的佩斯利螺旋花纹，如图1-22所示，体现了分形之美，在现代时尚界备受宠爱与关注。

图1-22　佩斯利螺旋花纹

除了绘画和装饰，建筑领域也涌现出类似的风格，如1875年建成的巴洛克式的代表建筑巴黎歌剧院，如图1-23所示，建筑的装饰细节华美精致，其结构设计也是将分形运用得淋漓尽致，建筑中分形带来的自然美感让身在其中的人们感觉如贴近自然一般真实。

图1-23　巴黎歌剧院

四、审美原则

审美是美学中的关键词，审美有好坏之分，好的审美和美及道德有关，它可后天熏陶养成。审美标准自古以来众说纷纭，但是审美的养成有固定的程式且被人们普遍接受。休谟认为，审美可通过"练习、比较、避免偏见"而得到确立，其中，"练习"意味着足够、完全、相关的感知练习，"比较"帮助人们发现审美对象的特别之处，"避免偏见"是审美正确的重要保证。另外，教育也会加速审美养成的进程。

审美能力是由 3 个层次构成的综合能力：在经验层次上，它包括理智、情感、想象、感觉，以及人们在经验中锻炼出的敏感；在先天层次上，审美能力包括对于诸事物关系的敏感，以及高尚的道德情操，特别是对自由的感悟与追寻；在审美行为的特殊性层次上，审美行为是一种特殊的行为，审美需要想象力、直觉与体验这 3 种自由而自觉的非理性能力，这也是审美能力的特殊组成部分。

五、绘画创作与科学发展

绘画创作是绘画者发现鲜活的艺术素材，否定成功的"已有"，寻找到新的创作机缘的行为。一些成熟的绘画者往往习惯于按照自己已经形成的固定程式进行艺术创作，要想改变这一习惯是极不容易的。法国文豪巴尔扎克认为："要想保持创作活力，便要注意偶然性。"在如今，人工智能所产生的图像形态各异，有时是不以人的意志为转移的，它能够不受绘画者习惯的影响，具有很强的随机性和偶然性。但恰好是在这种偶然性中，包含着艺术的必然性，这些科技辅助生成的图像为绘画者提供各种审美感受，使其形成创作的新感觉。

在时代的更替中，艺术不再孤立地发展，而是与高深科技领域深度融合，科学思想和技术成果深刻地影响着艺术的发展。通过研究中外美术发展史就会发现，除了经济、政治的因素外，科学因素对艺术的影响也不可忽视。小到技术材料方面，大到观念和思维方面，科学为艺术的发展提供了条件。在人类文明的发展进程中，科学与艺术同源且互相联系，有着共同发展的广阔远景。

自学自测

一、单选题

1. 分形具有（　　），是自然界中普遍存在的一种现象,在我们生活的这个世界里,分形也无处不在。

A. 相似性　　　　　　B. 普遍性　　　　　　C. 独特性　　　　　　D. 特殊性

2. 分形的具体概念是美国科学家（　　）首先提出的。

A. 曼得布劳特　　　　B. 费根鲍姆　　　　　C. 葛饰北斋　　　　　D. 李政道

二、多选题

1. 自然形态有（　　）。

A. 高山　　　　　　　B. 瀑布　　　　　　　C. 植物　　　　　　　D. 动物

2. 形态具有（　　）等特点。

A. 对称均衡　　　　　B. 节奏韵律　　　　　C. 调和对比　　　　　D. 多样统一

3. 在艺术设计学科中,形态分为（　　）。

A. 形态认知　　　　　B. 形态构成　　　　　C. 形态语意　　　　　D. 形态表达

三、简述题

谈谈你对毕加索《公牛》系列简化造型形成过程的看法。

课后提升

任务 1：概念理解

你发现生活中有哪些图案是可以用分形美学解释的？

任务 2：形态分析

试着对周围物体进行分析，并找出其中的分形形态。

评价反馈

个人自评打分表　　　　　　　　　　　教师评价表

任务三 掌握软件操作方法

任务描述

了解数字绘画软件 ArtRage 的操作界面及工具。

学习目标

知识目标：了解 ArtRage 各菜单的功能。

能力目标：掌握 ArtRage 中文件处理的方法，能熟练操作绘画工具。

素质目标：具有良好的心理素质和克服困难的能力。

任务分解

一、菜单

在 ArtRage 中，主要有文件、编辑、工具、查看和帮助 5 类菜单。ArtRage 菜单如图 1-24 所示。

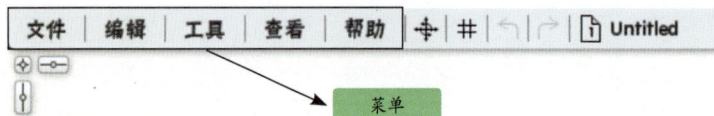

图1-24　ArtRage菜单

1. 文件菜单

文件菜单中包括以下内容：新建绘画、打开绘画、保存绘画、另存绘画为、导出图像文件、退出程序等。

2. 编辑菜单

编辑菜单中包括以下内容：撤销、重做、清除绘画、播放音效等。

3. 工具菜单

工具菜单中包括以下内容：油画笔、铅笔、蜡笔、粉笔、马克笔、调色刀、橡皮擦、选择画布等。

4. 查看菜单

查看菜单中包括以下内容：界面模式、"经典模式"面板、画布设置、画布位置、工具选择器、颜色选择器、工具设置、"工具箱"面板、工具预设、颜色取样、贴纸单、型板、自定义颜色选择器、"图层"面板、"描摹"面板、"参照"面板、"布局"面板、网格、辅助线、透视、录制控制等。

5. 帮助菜单

帮助菜单中包括以下内容：帮助、关于 ArtRage、欢迎画面等。

二、文件处理

在创作数字绘画作品时，最常用的文件处理方式是保存和新建绘画、导出和导入图像文件，这些文件处理操作都在文件菜单中进行，文件菜单如图 1-25 所示。

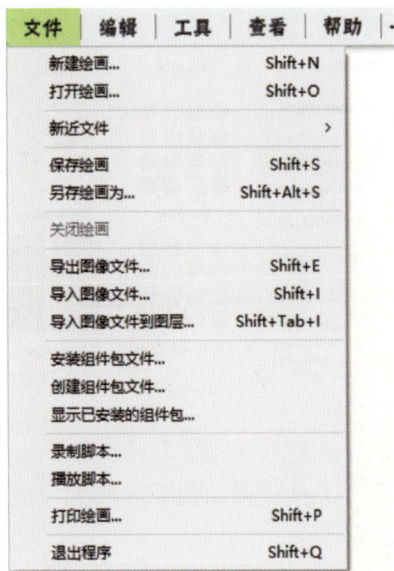

文件	编辑	工具	查看	帮助

新建绘画…	Shift+N
打开绘画…	Shift+O
新近文件	>
保存绘画	Shift+S
另存绘画为…	Shift+Alt+S
关闭绘画	
导出图像文件…	Shift+E
导入图像文件…	Shift+I
导入图像文件到图层…	Shift+Tab+I
安装组件包文件…	
创建组件包文件…	
显示已安装的组件包…	
录制脚本…	
播放脚本…	
打印绘画…	Shift+P
退出程序	Shift+Q

图1-25 文件菜单

1. 保存和加载

要保存绘画或新建绘画，可单击菜单栏上的文件菜单，在下拉列表中选择对应的选项。

需要注意的是，完成绘画后，始终要记得保存作品，ArtRage 不会自动保存。但在 ArtRage 关闭之前，系统会提示保存。

ArtRage 绘画文件包含许多普通图像文件所没有的信息，其后缀为".PTG"，因此，无法在其他图像软件中直接打开。

2. 导出和导入

导出图像文件用于创建绘画作品的普通图像副本，导出图像后，其他软件可以打开该图像副本。

导入图像文件时，ArtRage 会自动创建一个新的画布。

三、贴纸及型板

1. 贴纸

贴纸是包含颜色和纹理信息的图像。可以单击菜单栏中的查看菜单，在下拉列表中选择"贴纸单"，在弹出的窗口中选择贴纸，"贴纸单"窗口如图 1-26 所示。可以通过单击并拖动贴纸将贴纸放置在画布上所需的位置，也可以在画布上放置一个贴纸的多个副本。

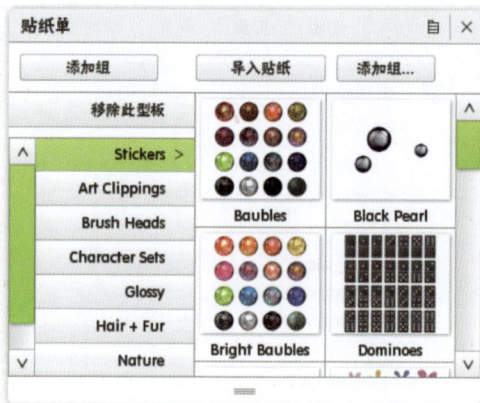

图1-26　"贴纸单"窗口

操纵贴纸：可以使用"变换工具"移动和缩放贴纸。选择此工具，单击一个贴纸即可开始操作。

贴纸层：画布上的每个贴纸均由"图层"面板中的贴纸层表示。不能在贴纸层上进行绘画操作，否则会形成新的图层。在"图层"面板中，右上角有图标标识的为贴纸层，单击该图标即可查看特定作于贴纸的选项。

2. 型板

型板是可移动的蒙版，单击 图标可出现"型板"窗口，如图 1-27 所示。可以单击选择一个型板模板将其添加到画布中，或单击并拖动将其放置到画布中。

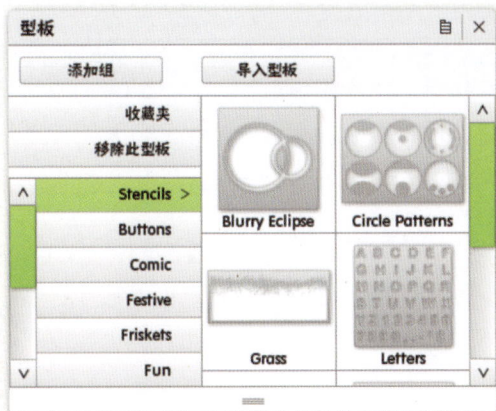

图1-27 "型板"窗口

调整型板模板：可以通过右键单击拖动的方式在画布上移动型板模板。将型板模板放置在画布中合适的位置后，可单击选择型板模板，然后按住"Ctrl"键进行缩放，或按住"Alt"键进行旋转。也可以通过使用"变换工具"来变换型板模板。

四、画笔工具及其特点

在 ArtRage 界面左下角可选择不同的画笔工具，如图 1-28 所示，画笔工具及其特点如表 1-1 所示。

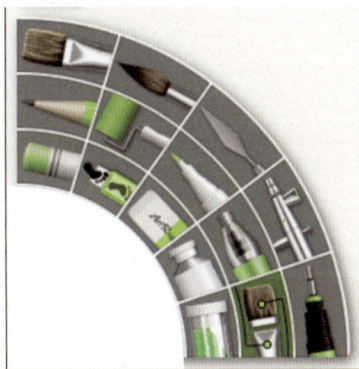

图1-28 画笔工具

表1-1 画笔工具及其特点

图标	名称	作用及特点
	油刷	一种硬毛笔刷，使用时可以混合画布上的颜色，以模拟油漆的效果。
	水彩笔	一种细尖的软毛笔刷，可模拟水彩颜料的效果，将颜色混合并散布到画布的其他潮湿区域。
	调色刀	一种用于在画布上混合颜料的刀。

图标	名称	作用及特点
	喷枪	一种喷剂，可在画布上产生细腻的色彩效果。
	墨水笔	一种硬尖的笔，可以在画布上画出平滑的实心墨水线。
	铅笔	可调节笔尖硬度，用于阴影或线条的绘制。
	油漆滚筒	宽头滚筒，可在画布上产生牢固的油漆痕迹。
	毡笔	一种荧光笔，可模拟半透明的墨水痕迹。
	Gloop笔	一种特殊效果笔，可在画布上不断扩大油漆斑点。
	自定义画笔	可定制画笔头的特殊效果画笔，用于创建用户自定义的画笔样式。
	蜡笔	可模拟干燥的蜡笔笔触。
	贴纸喷绘工具	可以在画布上喷洒许多贴纸。喷涂时，可以选择并使用贴纸单中的贴纸。
	橡皮	一种硬橡皮擦或软橡皮擦，用于去除画布上的痕迹。
	油漆管	可以在画布上模拟浓稠的油漆点，以进行混合。
	闪光管	模拟闪光效果以增加画面的质感。

五、软件操作工具

1. 编辑工具

编辑工具如图 1-29 所示，其中具体工具如下所示。

选择工具：一种用于选择画布区域以进行复制的工具。

克隆器：用于复制画布中的图像。

ArtRage软件操作

颜色采样器：一种识别并采集画面中色彩的工具。

填充工具：一种用于将颜色填充到画布中的工具，还具有图案填充和渐变填充模式。

文本工具：可供文字编辑的工具（支持英文编辑，中文需提前编辑后粘贴）。

2. 拾色器

要选择一种画笔颜色，可从"拾色器"中选择，拾色器如图 1-30 所示。可先选择一种基本色，然后调整该色的明度和纯度。

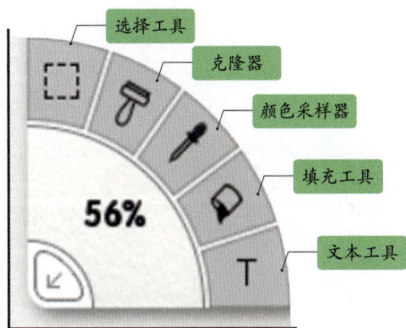

图1-29 编辑工具

图1-30 拾色器

3. 转换工具与画布定位器

转换工具：单击转换工具，将能够选择一个要变换的项目，如图 1-31 所示。

图1-31 转换工具

画布定位器：用于在画布上浏览细节，如图 1-32 所示。

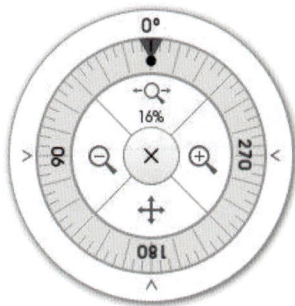

图1-32 画布定位器

在画布定位器中，可以拖动外环旋转画布，也可以单击画布定位器外部边框中的箭头以设置精确的旋转的量，还可以按住"Alt"键并右键单击画布进行旋转操作。可以单击并拖动画布定位器中的移动图标以移动画布。可以单击并拖动画布定位器中的自由缩放图标以放大或缩小画布，或单击画布定位器中的放大镜按钮以特定的比例将画布放大，也可以按住"Shift"键并右键单击画布以进行缩放操作。

需注意，缩放不会更改画布的内容或实际大小，只是调整画布在屏幕上显示的大小。

六、工具设置

每个画笔及工具都可以更改其设置，点击图标 出现"设置"面板，如图 1-33 所示。"设置"面板包含所有设置的控件。

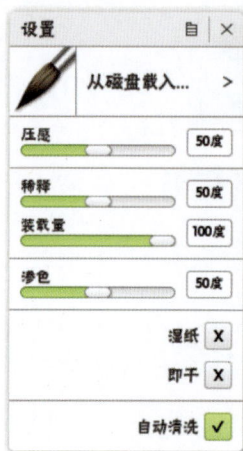

图1-33 "设置"面板

预设工具是存储特定工具类型的工具设置集，点击图标 出现"预设"面板，如图 1-34 所示。例如，干油刷和重油刷都属于油刷笔刷，都有唯一的参数设置，绘画者可以在预设工具中查看这些参数设置。预设的设置会直接应用于当前工具，然后可以使用设置好的工具进行绘画。

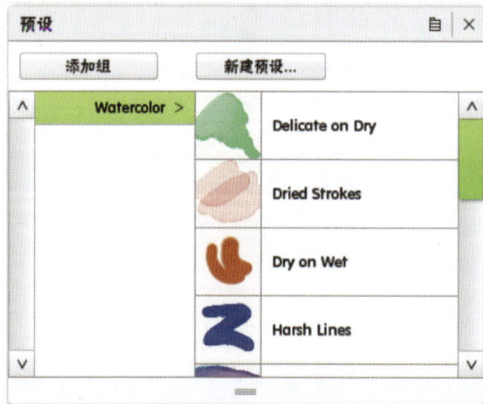

图1-34 "预设"面板

七、图层

点击图标■出现"图层"面板，如图 1-35 所示。图层就像是可以在其上绘画的透明塑料片一样，它们彼此叠放，可以随时在不损坏其他层的前提下进行相对独立的绘画操作。

"图层"面板中显示了当前绘画的所有图层，它们以特定的顺序相互堆叠，在画布上形成特殊的层次效果。单击以选择一个要进行绘画操作的图层，该图层亮起表明它已被选中。单击并拖动图层，可以使其在"图层"面板中移动，可以通过这种方式对图层进行重新排序。

可以将图层打包成组，以便在"图层"面板中更轻松地进行控制，图层组如图 1-36 所示。使用"图层"面板中的"添加图层组"按钮新建一个图层组，然后将要放入图层组中的图层拖动到新建的图层组中。另外，在"图层"面板底部可以进行图层的添加和删除操作，绘画者可以根据自己的需要选择添加或删除。

图1-35 "图层"面板

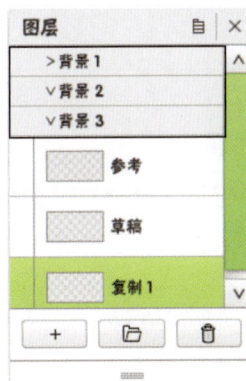

图1-36 图层组

自学自测

一、单选题

1. 在 ArtRage 中，主要有文件、编辑、（　　　）、查看和帮助 5 类菜单。

　A．工具　　　　　　B．视图　　　　　　C．渲染　　　　　　D．页面

2. 如果需要使用普通的图像文件，以便在其他软件可以查看它，使用"文件"菜单中的（　　　）选项。

　A．保存绘画　　　　B．另存绘画　　　　C．导出图像文件　　D．打印绘画

3. 编辑工具包括选择工具、克隆器、颜色采样器、（　　　）、文本工具。

　A．图层　　　　　　B．透明度　　　　　C．填充工具　　　　D．拾色器

4. 要选择一种画笔颜色，从"拾色器"中选择，先选择（　　　），然后调整该色的明度和纯度。

　A．基本色　　　　　B．固有色　　　　　C．解锁参照　　　　D．环境色

5. 我们可以创建多个（　　　），然后对其进行编辑，最后将其合并，便可以得到一个完整的图形。

　A．描摹　　　　　　B．参照　　　　　　C．画笔　　　　　　D．图层

二、简述题

ArtRage 与其他绘画软件相比，有哪些优缺点？

课后提升

任务：熟悉软件操作

利用数位板及绘画笔测试 ArtRage 软件中的各个工具，并尝试改变工具参数以分析各工具的用途及使用方法。

评价反馈

个人自评打分表　　　　数字绘画常用的　　　　教师评价表
　　　　　　　　　　　软件评价表

模块二　数字绘画案例项目

　　本模块讲述数字绘画的案例项目，通过审美分析，建立审美逻辑与绘画分形意识。在动物绘画、写实风格人物绘画、动漫角色绘画和场景绘画 4 个项目中进行学习与练习，应用绘画理论，掌握数字绘画的技巧。

项目二

动物绘画

任务一　掌握昆虫的绘画方法

任务描述

学会以线稿的形式画昆虫。

学习目标

知识目标：掌握数字绘画的基本方法，了解昆虫的美学价值与形体特征。

能力目标：培养观察能力和表现能力。

素质目标：培养学习兴趣，提高审美素养。

任务分解

昆虫具有独特的美学价值，一直是我国古代的文人骚客所描绘的对象。昆虫形象作为艺术表现的对象有悠久的历史，在绘画与书法领域表现得最多。甚至还有一种特殊的美术字体"鸟虫书"，即根据鸟虫的形象进行设计的字体，被应用在一些比较有工艺水平的物件上。在艺术领域表现的昆虫形象，都是对昆虫的固有形态进行了艺术提炼，进而创造的一种艺术形象。

昆虫的形态

一、观察外形与对称设置

先找到一张昆虫的参考图，观察昆虫的外形与各部分的比例，如图 2-1 所示。

单击工具菜单，在下拉列表中选择"绘画对称"，即可勾选子菜单中的"绘画对称"，对称设置如图 2-2 所示。轴向对称和镜像对称就是上下对称和左右对称的区别，比较常用的就是镜像对称，其特点是只要画一边，对称的另一边也会跟着变化。设置镜像对称后的界面如图 2-3 所示。

图2-1　昆虫的参考图

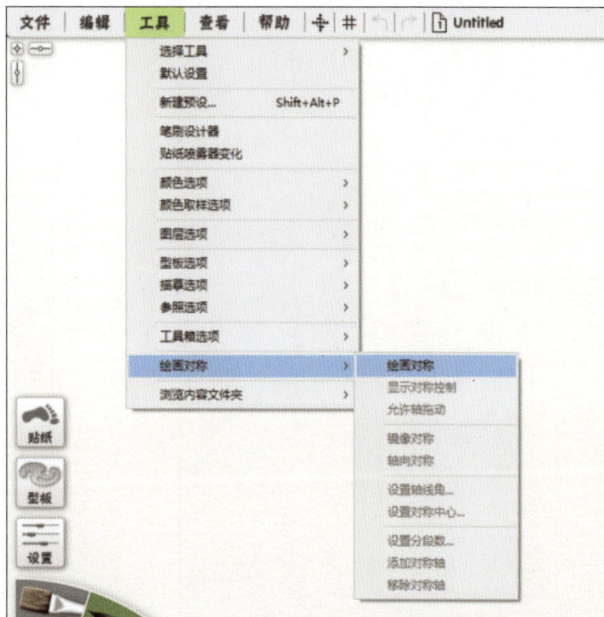

图2-2　对称设置

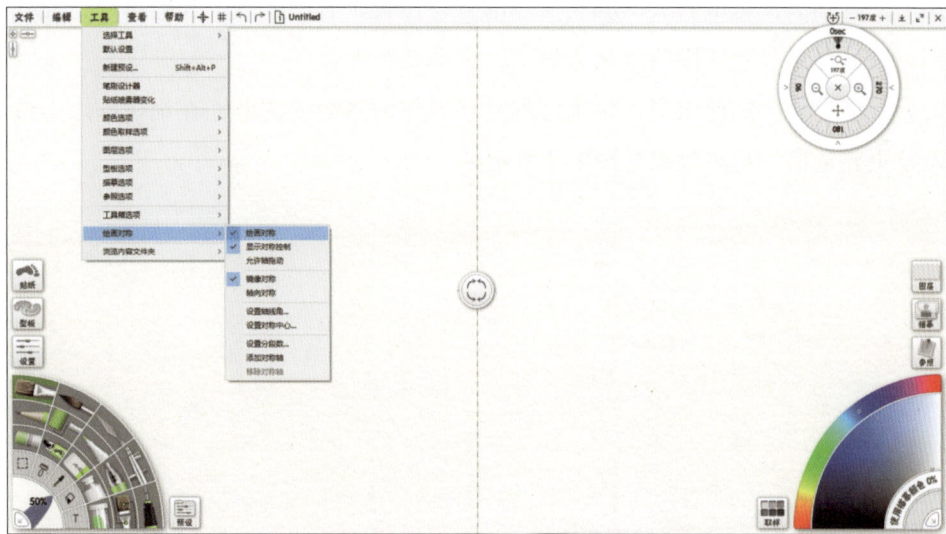

图2-3　设置镜像对称后的界面

二、课中实训——昆虫的绘画

　　新建一个图层，为图层设置一个颜色作为底色。另外新建一个图层并选中，在这个图层中，用喷枪工具画昆虫草稿。

　　在绘画开始时，先确定昆虫各部分的比例，如图 2-4 所示。用五边形

昆虫的绘画

概括昆虫形状，如图2-5所示，在观察、分析中找形状，在对比、联系中画形状。

图2-4 确定昆虫各部分的比例

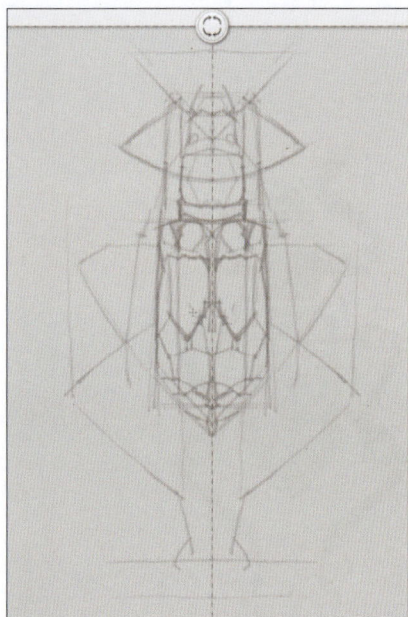

图2-5 用五边形概括昆虫形状

接下来画细节，昆虫的头、胸及身体的有些位置是有曲线的，我们可以把曲线延展出来用以验证昆虫身上那段曲线是否正确，如图2-6所示。

最后，新建一个细化图层，将画好的草稿图层的透明度调低，在细化图层上按照草稿绘制昆虫完成稿，最终效果如图2-7所示。

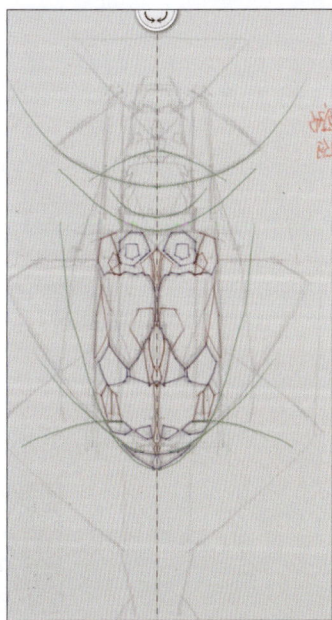

图2-6 延展昆虫身上的曲线

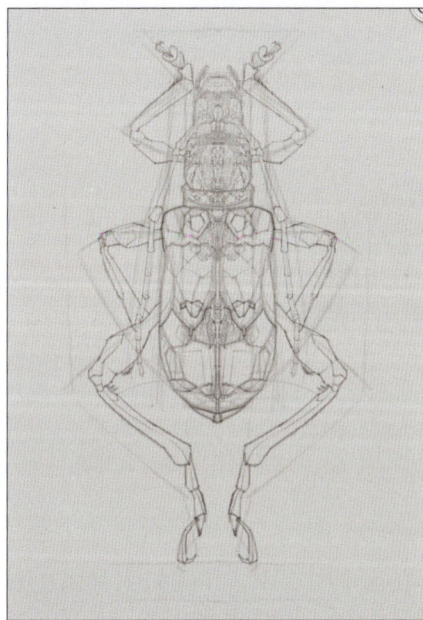

图2-7 最终效果

自学自测

一、单选题

1. 昆虫一般是对称结构，绘画时可打开绘画软件的（　　）。

A. 镜向对称模式

B. 轴向对称模式

C. 正常模式

D. 轴线角对称模式

2. 画昆虫时要找准（　　）各部分的比例。

A. 头、胸、腹部 　　　　　　　　　　B. 头、腹部、四肢

C. 胸、腹部、四肢 　　　　　　　　　D. 头、胸、四肢

二、简述题

试分析昆虫身上有哪些图形形成了画面的节奏与韵律？

课后提升

任务 1：观看昆虫的绘画视频

认真观看昆虫的绘画视频，找出绘画过程中的要点。

任务 2：熟悉软件操作

利用数位板及压感笔画昆虫的线稿（完成后打印纸稿粘贴在空白处）。

评价反馈

个人自评打分表　　　　　昆虫绘画互评表　　　　　教师评价表

任务二 掌握四足动物——马的绘画方法

任务描述

掌握马的绘画方法。

学习目标

知识目标：熟练地掌握四足动物造型的自然规律和艺术规律。

能力目标：培养观察力和形象记忆能力，增强画面表现力，培养绘画创作时的夸张变形能力和艺术概括能力。

素质目标：培养创新意识，形成正确、规范的思维方式和分析方法。

任务分解

动物种类繁多，解剖结构复杂，运动状态多样，动物绘画的重点在于从不同的动态角度捕捉不同的造型特点。掌握动物绘画的基础在于勤学苦练，绘画者可以到动物园或者马戏团进行实物写生，也可以在网上搜集动物的图片或视频，从中筛选出能表现动物的形态特征、运动规律、生活习

马的形态

性的图片或视频作为参考。除此之外，绘画者应加强对动物解剖结构、动态分析和漫画式夸张表现的训练，绘画者可以采取分类的方式对动物进行针对性研究，这是掌握和理解各种类型动物画法的重要手段。

动物学对动物门类的划分有助于我们对不同的动物种类进行研究与总结。同一门类的动物在生理构造上存在着许多共同特征，例如动画中经常出现的哺乳类四足动物，即老虎、狮子、猫、狗、牛、羊、骆驼等，这类动物显著的特征是身体的中部有脊柱支撑，头部较小，有成对的四肢。

在画动物时，要先分析它们的比例、结构特点和运动规律，然后以记忆与推断的方法完成绘画。动物身体主要由头、颈、躯干、四肢、尾巴构成，头、躯干、四肢是比较大的体块，这些大体块的空间关系决定着动物的基本比例与动态，并且具有一定的几何形特征，因此也可以用概括的手法将动物的身体进行几何分割，以方便掌握它们的基本形体特征和运动形态。其中，头类似于圆形，在运动时轮廓形态基本不变，而动物的颈、

躯干、四肢等，则是产生形态变化的主要部位。

　　绘画者在绘画前对于动物的基本结构有翔实的了解，才能进行真实的再现或者再创造。学习动物绘画不仅需要大量的练习，还需要了解动物动作形态形成的原因，需要对于骨骼形态、肌肉分布，以及身体各部位比例与形状进行分析。绘画者可以先对日常常见的动物进行练习，对其姿态及体块进行分析，然后再分析其毛发的走向、肌肉的连接穿插和骨骼的形状。对动物基础解剖知识的了解与分析，是学习动物绘画的基础。

一、马的骨骼与外形

　　如图 2-8 所示为马的骨骼，从中可以看出，脊柱作为身体的主要支撑，前端支撑着头骨，将胸廓与骨盆贯串在一起成为躯干。马的脊柱可以进行一定幅度的运动，并且与人类一样，其骨骼中体积最大的部分为胸廓，马的胸廓的位置和脊柱的方向决定着马的运动状态。虽然马的骨骼结构与人类的骨骼结构基本对应，但马与人有着截然不同的运动方式，人类的骨骼形态适合直立行走，而马的骨骼形态适应四足着地的站立与奔跑。马的骨盆窄小，脊柱中部向下凹陷；肋骨狭长，肩胛骨粗大；胫骨与腓骨较长，而肱骨较短且紧贴于胸腔部位，不能进行大范围的运动，并且限定了桡骨向上抬升的幅度；颈骨较长，面骨狭长而突出。

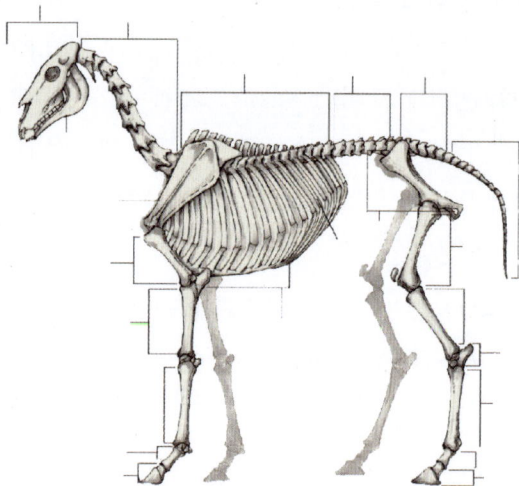

图2-8　马的骨骼

　　马结实而发达的肌肉组织从体表清晰可见，其中最发达的肌肉群是腿部肌肉群，尤其是后腿部的臀中肌、臀大肌等，对于行走、跳跃起到关键性作用。马的颈部肌肉群也十分发达，特别是胸锁乳突肌和背部的斜方肌。马的胸肋肌非常类似于人的前锯肌，暴露于侧面体表。马的头部最主要的肌肉是用于咀嚼草料的咬肌。

马的这些身体构造决定了马的四肢向前后摆动伸缩的幅度大、速度快，而向两侧摆动的幅度小且比较缓。马的膝盖不像人类那样明显，肩膀位于马背顶端且更加靠前的位置。另外，马运动时，始终是三脚着地，一脚离地，并且是交叉行进的，当左前腿前进并着地的同时，右后腿会同时迅速离地。马在行进中有身体的起伏，绘画者在绘画时要注意起伏的弧线状节奏，体会马的运动规律。

二、马的绘画方法

画马的方法有很多，前人也有很多精辟的总结，其中最著名的画诀是"要画马三块瓦"，"三块瓦"是指马的肩、腹、臀3个部分，画马首先要把握住这3个部分的结构关系。只有从正侧面看马的躯干部分，才能将其结构概括为"三块瓦"，而绘画者要从空间关系出发对马进行多角度、多动态的表现，这就要求绘画者熟悉马的主要体块及其结构关系，能够从多角度表现脊柱的形状，表现胸廓、骨盆体块的形状及透视关系。绘画者应多深入生活，通过认真观察和写生，才能将马的形象画得栩栩如生。

在马的绘画中要强调马的动态，追求其形体的变化，让画笔表现运动的节奏感，省略细部刻画，保持结构的准确。绘画者在画之前要用心观察动态，以敏锐的感觉来作画，例如，把伸直的脚处理得强健有力，把肌肉处理得紧实等。

三、课中实训——马的绘画

先找到一张马的动态参考图，观察其各部分的比例，如图2-9所示。

马的绘画

图2-9 马的动态参考图

根据马的动势用长线条拉出来大框架，建立马的良好图形（良好图形是指在绘画中结构严密、轮廓分明、能说得出意义的图形），如图2-10所示，马的形体就框在了这个良好图形里。

图2-10　马的良好图形

利用五边形找出马身体各部分的比例及位置，可以先从头部开始，注意各部分的联系，找准形体的位置。马的身体称之为正形，马的身体周围的空白区域围合出来的图形叫负形，利用正负形来找准形体的位置与形状是绘画中非常重要的手段。

可以按照分形方法找到马身体各个部位的五边形，随着不断地细化，不断分割五边形，最后添加马蹄、尾巴等细节。马的细节刻画如图 2-11 所示。

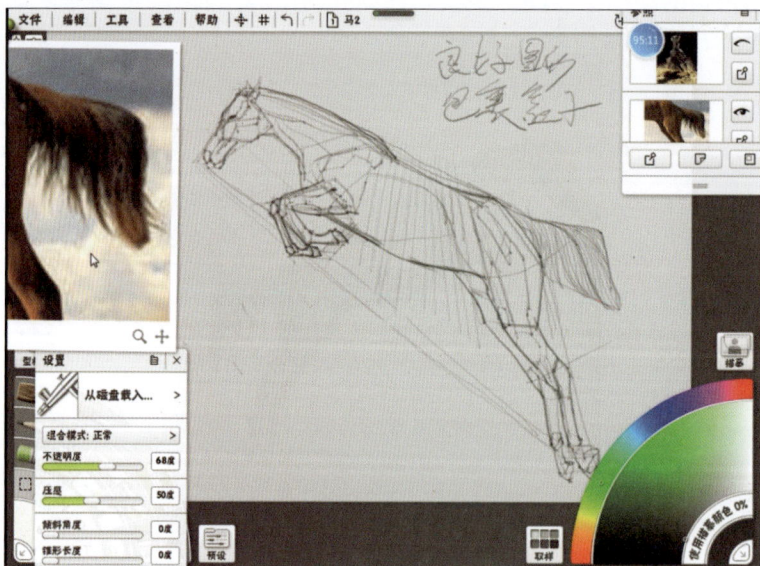

图2-11　马的细节刻画

自学自测

一、多选题

1. 动物绘画的难度在于（　　　）。

A. 动物种类繁多，解剖结构复杂

B. 动物运动状态控制的难度大

C. 有不同的动态角度

D. 有些动物平时不能写生

2. 马的运动规律是（　　　）。

A. 脚部始终是三脚着地，一脚离地

B. 四脚交叉行进

C. 左前腿着地的同时，右后腿迅速离地

D. 身体有起伏

3. "三块瓦"是指马的（　　　）3个部分的形状。

A. 肩　　　　　　　　B. 腹　　　　　　　　C. 腿　　　　　　　　D. 臀

二、简述题

马的绘画相对于昆虫绘画来说，增加了哪些难度？

课后提升

任务 1：观看马的绘画视频

认真观看马的绘画视频，找出绘画过程中的要点。

任务 2：熟悉软件操作

利用数位板及压感笔画马的线稿（打印纸稿粘贴在空白处）。

评价反馈

个人自评打分表　　　　　马绘画互评表　　　　　教师评价表

掌握四足动物——豹子的绘画方法

任务描述

掌握豹子等猫科动物的绘画方法。

学习目标

知识目标：熟练掌握猫科动物造型的自然规律和艺术规律。

能力目标：培养观察力和形象记忆能力，增强画面表现力，培养绘画创作时的夸张变形能力和艺术概括能力。

素质目标：培养创新意识，形成正确、规范的思维方式和分析方法。

任务分解

一、猫科动物特点

猫科动物雌雄性的外形近似，大部分头部粗圆，颈部有毛。猫科动物肌肉发达，结实强健；头部近似球形，眼睛圆，颈部粗短；四肢粗壮而沉重，四足下有肉垫；尾巴长，末端钝圆；全身毛发密而柔软，有光泽，其中豹、虎等猫科动物的皮毛上有斑点或条纹。

猫科动物特点

猫科动物的画法需要注意个体之间的差异及姿势动作的刻画。总体来说，猫科动物的身体长度都比其身高长度要长，从小体型的猫到体形硕大的老虎、豹子，都有着大致一样的身体结构。猫科动物一般都体魄健壮，骨骼、肌肉构造十分相似，且身体柔韧性好，反应机敏，活动灵活。

二、课中实训——豹子的绘画

接下来，以豹子为代表，讲解猫科动物的绘画过程。

豹子的绘画

先利用长直线拉出豹子的动势框架，根据其外轮廓画出一个良好图形，这时候不要拘泥于细节，重点是把奔跑的动势做好，豹子的良好图形如图 2-12 所示。

用肯定的线把豹子的四肢、肚子画出来。尤其要把骨头的转折点也就是骨点表达出来，要用肯定的实线作画，不能含含糊糊，如图 2-13 所示。

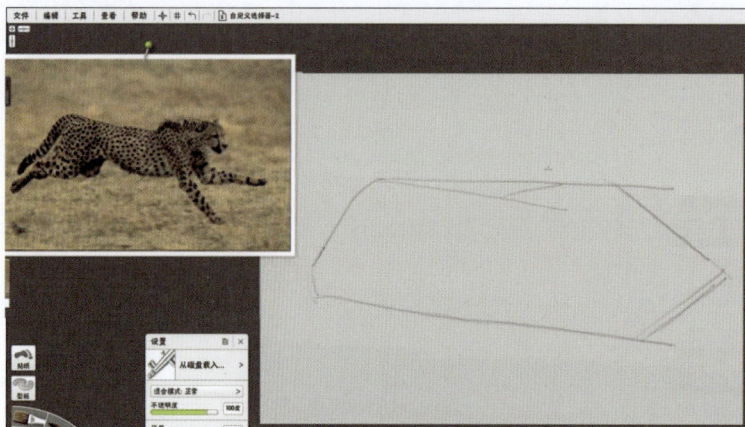

图2-12　豹子的良好图形

图2-13　刻画豹子的骨点

对豹子耳朵、面部等部位进行深入刻画，添加细节，如图 2-14 所示。可以新建一个图层将豹子各个部位概括为五边形，以作为绘画的参考，如图 2-15 所示。

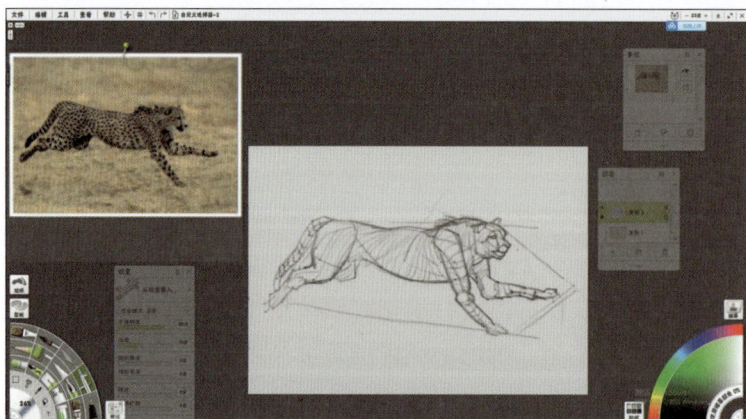

图2-14　刻画豹子的细节

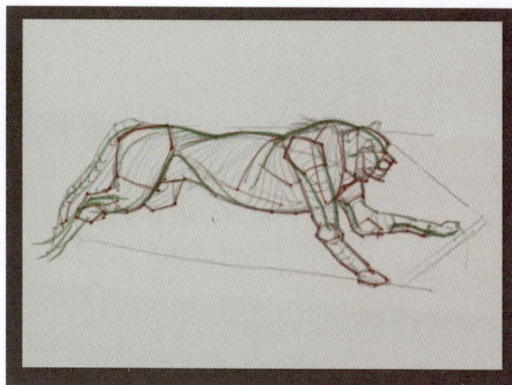

图2-15 将豹子各部位概括为五边形

邶
包

自学自测

一、单选题

1. 猫科动物大部分头部粗圆，颈部有毛，肌肉发达，结实强健；四肢粗壮而沉重，四足下有肉垫；尾巴（　　　），末端钝圆；全身毛发密而柔软，有光泽。

A. 细 　　　　B. 长 　　　　C. 短 　　　　D. 小

2. 画豹子的良好图形时，重点是把（　　　　　）做好。

A. 直线画好 　　　B. 奔跑的动势 　　　C. 骨骼结构 　　　D. 头部结构

二、简述题

试着比较老虎、狮子、猫等猫科动物，并对它们的形态结构进行审美分析。

课后提升

任务 1：观看豹子的绘画视频

认真观看豹子的绘画视频，找出绘画过程中的要点。

任务 2：熟悉软件操作

利用数位板及压感笔画豹子的线稿（打印纸稿粘贴在空白处）。

评价反馈

个人自评打分表	豹子绘画互评表	教师评价表

任务四 掌握海洋动物——海马的绘画方法

任务描述

掌握海马等海洋动物的绘画方法。

学习目标

知识目标：了解海马的结构，学会用曲线表现海马的形体特征。

能力目标：培养用曲线表现形体的能力。

素质目标：培养学习兴趣，提高审美素养。

任务分解

海洋动物一般指生活在海洋中的动物，其门类繁多，形态结构和生理特点也有很大差异。海洋动物有鱼类、贝类动物等，它们的外形、颜色各不相同，有螺旋形、瓣形、帽形、扇形、圆形等，这些形状都可以用弧线表达出来。

而在数字绘画中，曲线和弧线的练习是基本功，比直线的练习更为复杂、重要，练习曲线与弧线时要注意单向运笔，用笔力度要有轻有重，线条要此起彼伏。曲线是手绘中的练习重点，练习时要做到一笔成型，同时还有以下注意点：手腕及指关节要放松，线条才会变化自然；线条不要停顿，歪了不要紧，要确保线条流畅；注意笔触，不要用太多力，才能表现出曲线"飘逸、轻柔"的特征。

一、观察与分析海马外形

找到海马的参考图，观察海马身体各部分的比例，如图2-16所示。

曲线是海马形体的显著特点，所以要特别注意表现曲线的韵律。在绘画前，可以把海马背部、肚子、尾巴等部位用曲线画出来，一开始不用表现曲线中的细节，只表现曲线的大致动向即可，海马身上的曲线如图2-17所示。另外，海马身体上的凸起是有规律的，可以找出海马身上的突起节

图2-16　海马的参考图

点，拉出放射状的延展线，观察其中的韵律，如图 2-18 所示。

图2-17 海马身上的曲线

图2-18 凸起的延展线

二、课中实训——海马的绘画

用直线框出海马的良好图形，如图 2-19 所示。

新建一个图层，在新的图层上用肯定的线把海马的轮廓刻画清楚，如图 2-20 所示。利用延展线作为参考添加细节，如图 2-21 所示。

海马的绘画

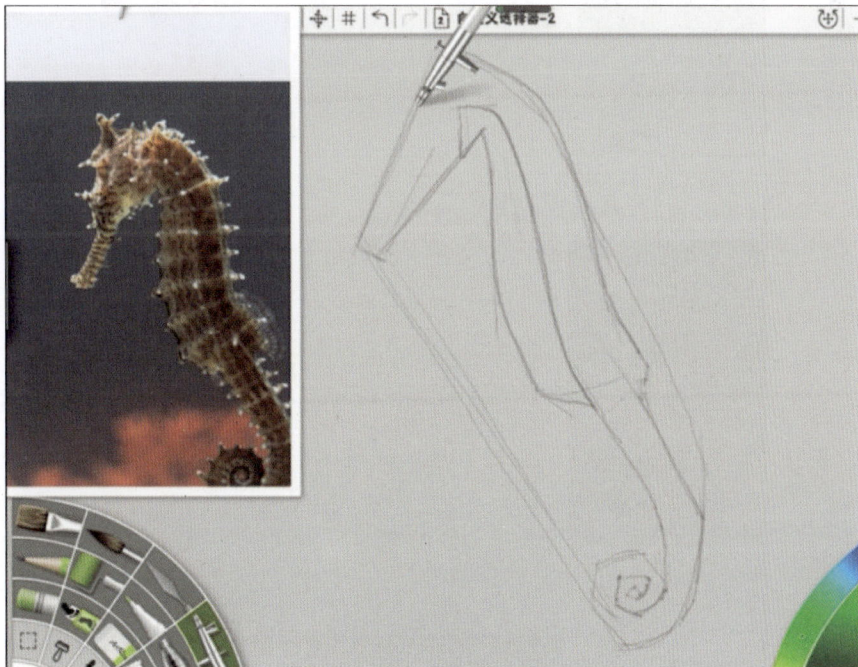

图2-19 海马的良好图形

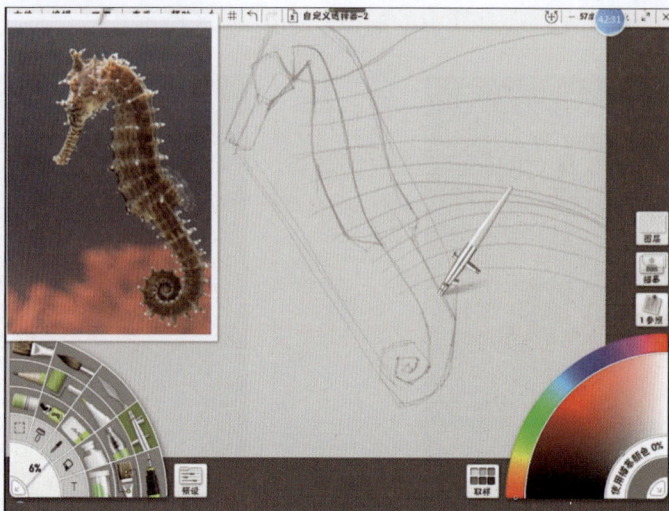

图2-20　刻画海马的轮廓

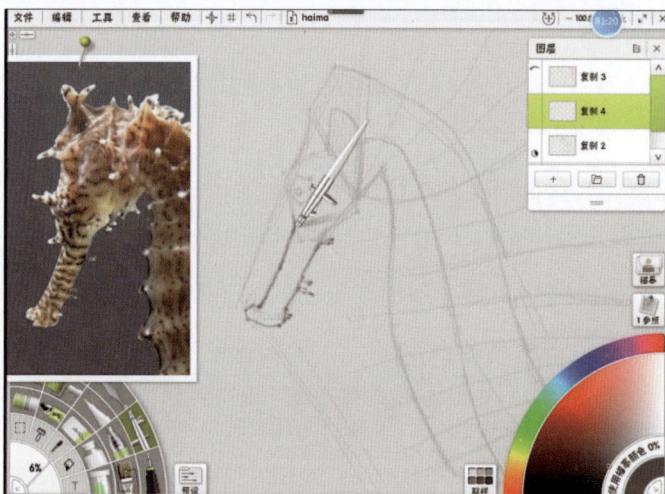

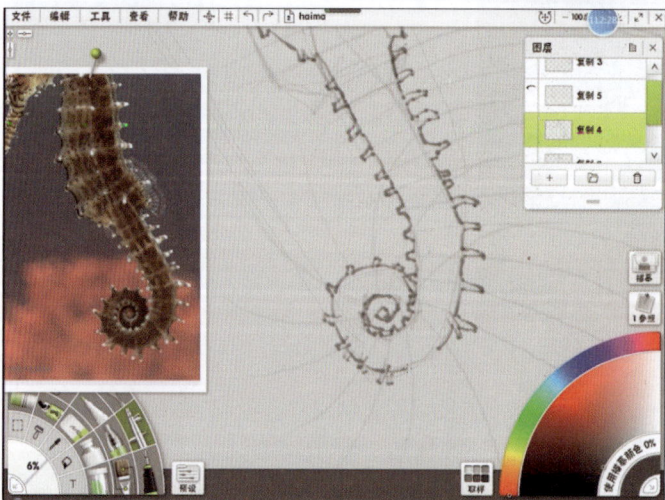

图2-21　添加细节

完成线稿，最终效果如图 2-22 所示。

图2-22　最终效果

自学自测

一、单选题

1.（　　）是海马形体的显著特点。

A．直线　　　　　　B．曲线　　　　　　C．延展线　　　　　D．波浪线

2．画海马时，可利用（　　）画海马的细节。

A．直线　　　　　　B．曲线　　　　　　C．延展线　　　　　D．波浪线

二、简述题

试分析绘制曲线与绘制直线的异同。

课后提升

任务 1：观看海马的绘画视频

认真观看海马的绘画视频，找出绘画过程中的要点。

任务 2：熟悉软件操作

利用数位板及压感笔画海马的线稿（打印纸稿粘贴在空白处）。

评价反馈

个人自评打分表　　　　　海马绘画互评表　　　　　教师评价表

项目三

写实风格人物绘画

任务一 掌握人物绘画分析方法

任务描述

1. 建立正确的观察方法和绘画表现方法。
2. 了解人物绘画的基础知识。

学习目标

知识目标：掌握正确的人物绘画分析方法。

能力目标：能在绘画中表现动态美。

素质目标：提高审美素养。

任务分解

人体是极为复杂又极为协调的整体，它集合了所有美的元素，既展示壮美，也彰显优美，是多种美的符号的集合体。

人物绘画是提高绘画者造型能力和审美能力的重要环节，要在熟悉比例、透视、解剖等基本知识的基础上，准确掌握刻画人体的技法，对刚接触绘画的绘画者来说难度是很大的，但又必须掌握，因此这需要绘画者付出时间和精力进行练习。

人物绘画分析

一、掌握正确的观察方法

优秀的人物绘画作品取决于正确的观察方法，具体可分为以下 3 种方式。

一是变局部观察为整体观察，绘画者不应局限于某一细节，而应重视观察过程与观察结果的整体性，在过程中着眼人物的整体形态，在结果中形成对人物形象的认识。二是变明暗光影的观察为结构形体的观察，因为人物明暗光影的变化是由结构形体所决定的,绘画者只有在对结构与形体正确认识以后，才会在绘画中更准确地表现出光影变化。三是变平面观察为立体观察，之前昆虫的绘画就是基于平面观察进行的，而立体观察的特点是以形体的空间位置来认识人体结构。

所谓"看得到就能画得出"，因而，观察方法就成了我们绘画前最重要的准备。换句话说，培养观察力也为我们了解人物的造型特征提供了更多的机会。带着思考去观察绘画对象，这样创作出来的作品才能生动、自然、传情。

二、加强慢写训练

在表现对象形态方面，慢写致力于表现客观对象最具本质特征的东西。慢写作品的表现相比速写更完整丰富，与速写相比较，慢写挖掘得更深入、具体，而速写则相对简略、明快。加强慢写训练可以提高绘画者的敏锐性和艺术概括能力，同时还能训练绘画者的形象记忆力、想象力与创造力。

三、全面熟悉人体解剖知识

从造型艺术的需要出发来研究人的形体结构的科学叫"人体结构学"。人体结构学要求通过人体的外形特征、决定这一外形特征的内部结构，以及由内部结构所产生的各种动作变化，来阐明人的形体结构的规律。在人体结构学中，为了方便描绘物象的形体，通常把物象概括为几何形体，再进行分割与组合。在塑造人物时，如果掌握了人体结构的规律，便可由内而外地去剖析人物的形体结构，掌握其变化，使所绘人物造型更趋严谨、坚实。

要掌握人体结构的规律，就要精通人体解剖学。人体解剖学是研究人体形态的科学，不同的学科领域研究人体解剖的目的也不同，如在体育运动领域研究人体解剖的，叫"运动解剖学"；在造型艺术领域，主要因关注人体外部形态和内部结构而进行的人体解剖研究，我们则称之为"艺术解剖学"。在外部形态方面，艺术解剖学的内容包括对男女、老幼、个体等之间的差异性特征的关注；在内部结构方面，艺术解剖学研究的范围主要是骨骼、关节、肌肉等内容。由于人体的内部结构决定了外部形态，且主宰着全身的运动，因而人体的骨骼、关节、肌肉的形态特征与作用，更是艺术解剖学最基本的内容，也是最关键的内容。

当我们对人体进行深入研究和绘画表现时，我们会发现人体是按照美的规律被创造出来的。而研究、理解、掌握人体美的各种规律，对所有从事绘画活动的人来说都是不容忽视的。因此，绘画者需要全面熟悉人体解剖知识，同时需要注意以下两点。

① 切勿死记硬背人体解剖知识。

② 注重解剖理论与实际造型运用之间的联系。

在学习解剖知识的同时，做到以上两点要求，将解剖知识运用在画面之中，以更加深刻地刻画出人体的真实性，这样创作出来的绘画作品有别于追求表面的肖似、华丽的作品。在作画时，要注意捕捉对象的形体特征，画人像必须抓住人物的特征。要做到"画谁像谁"，关键在于把握住人物各部分的形体结构、位置关系和大小比例关系。在表现人体特征和动势时，对骨骼肌肉部分的刻画要深入细致、入木三分。另外，提高创造能力，不仅要有模仿能力而且要有表现能力，因此绘画者在进行人物绘画时，应避免只以模特写生代替人物绘画创作。

四、表现鲜活的动态美

动态美是人所具有的一种生命活力，包括动势与神态。很多大师的人物主题的作品都具有与众不同的动态美，这也是这些作品中最能打动人心的魅力所在，如达·芬奇的绘画作品《蒙娜丽莎》，那微笑的神态具有神秘莫测的美，如图3-1所示；罗丹的雕塑作品《思想者》，那蜷缩的身体、刚劲有力的四肢和凝重的表情，都散发出思考与力量的美，如图3-2所示。

图3-1 达·芬奇《蒙娜丽莎》

图3-2 罗丹《思想者》

自学自测

一、多选题

1. 如何掌握人物绘画分析方法？（　　）。

A．掌握正确的观察方法 　　　　　　B．加强慢写训练

C．全面熟悉人体解剖知识 　　　　　D．表现鲜活的动态美

2. 正确的观察方法有哪些？（　　）。

A．局部观察 　　　　　　　　　　　B．整体观察

C．结构形体的观察 　　　　　　　　D．立体观察

二、简述题

熟悉人体解剖知识需要注意什么？

课后提升

任务：观察周围人物的形象特征，分析其特征并找到不同点。

评价反馈

个人自评打分表

教师评价表

任务二 掌握写实人体的比例与结构

学习写实人体的比例与外形特征等知识，了解人体骨骼、关节、肌肉等的特征。

学习目标

知识目标：了解写实人体身体各部分之间的比例关系，掌握人体的基本结构知识。

能力目标：能画出人体比例结构图；能用简洁的线条迅速表现出人物形象。

素质目标：提升对人体审美的认识。

任务分解

一、人体比例与外形

1. 人体全身比例

在人体造型的研究中，通常以"头长"为基本单位来比较人体各部分与整体之间、部分与部分之间的比例关系，人体比例图如图3-3所示。

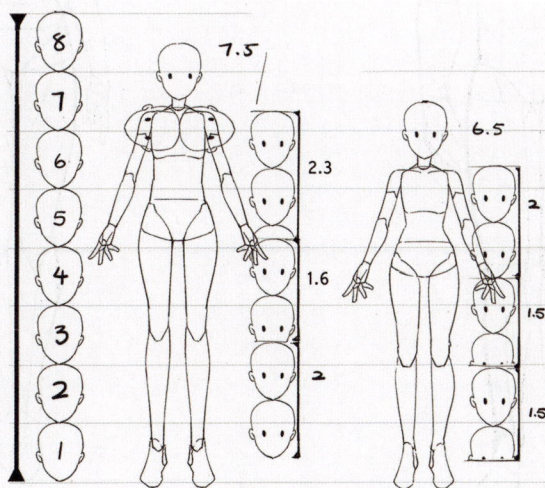

图3-3 人体比例图

一般来说，成年人全身高度为 7.5 个头长：从头顶到下巴为 1 个头长，从肩膀到髋部为 2.3 个头长，从髋部到膝盖中部为 1.6 个头长，从膝盖中部到脚跟（足底）为 2 个头长。另外，人体双手平直伸展时，手臂宽度与身高高度大致相等。

在画人体时，可将人体各部分用几何形状来概括，例如，头和颈为长方形，胸廓为倒梯形，腹部为长方形，髋部为正梯形，四肢为长方形。

2. 男性与女性的外形特征

（1）男性外形特征如图 3-4 所示。

◎ 头骨方且大。

◎ 脖子粗且短，喉结突出。

◎ 肩膀宽、平、方。

◎ 胸部宽厚，肌肉发达。

◎ 髋部较窄。

◎ 由于脂肪层薄，骨骼、肌肉较明显，特别是大腿肌肉，起伏明显且轮廓分明。

（2）女性外形特征如图 3-5 所示。

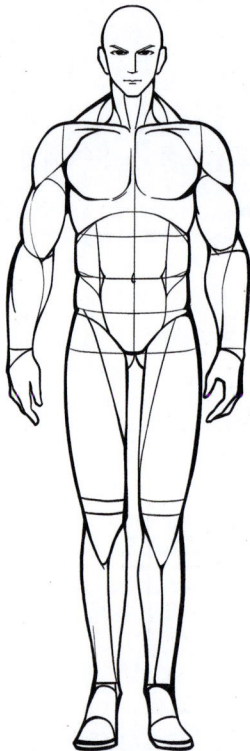

图3-4　男性外形特征　　　　　　　　　图3-5　女性外形特征

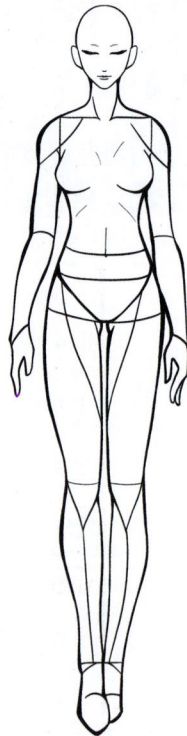

◎ 头骨圆且小。

◎ 脖子细且长，颈部线条柔和。

◎ 肩膀窄、斜、圆。

◎ 胸廓较窄，胸部乳房明显。

◎ 髋部较宽。

◎ 由于脂肪层厚，掩盖了肌肉的形状，躯干与四肢表面圆润丰满，线条平滑。

二、骨骼

骨骼是支撑人体的"支架"，是固定和保护人体的固定结构，人体骨骼图如图3-6所示。骨骼决定了身体的高矮和体形的胖瘦，以及身体各部位生长的方向与形状。从绘画造型的需要出发，绘画者们需要熟练掌握各种骨骼的基本形态，包括骨骼的基本形状、生长趋势、长短比例，以及各关节的位置与形态特点等。

人物骨骼和肌肉分析

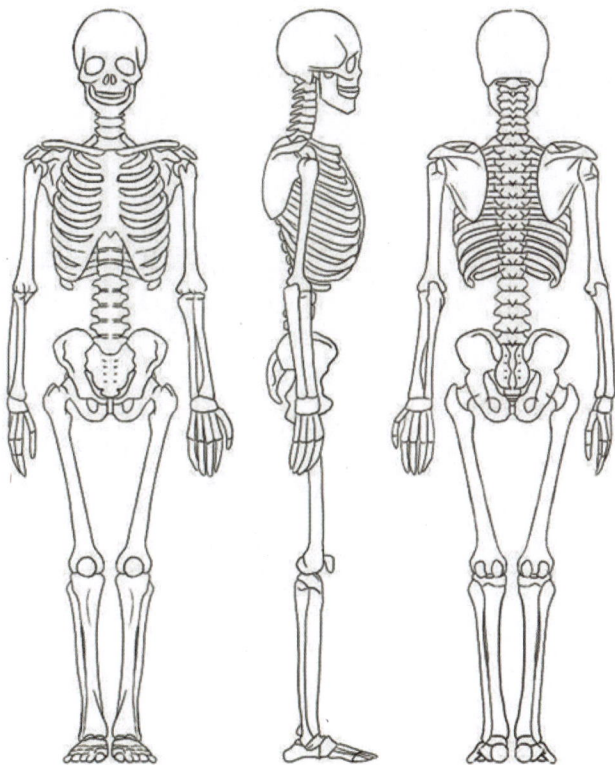

图3-6 人体骨骼图

骨骼按形状可以分为长骨、短骨、扁骨与不规则骨等类型。

以四肢骨骼为代表的长骨呈长管状，其特点为骨骼中部细长，两端为膨大且光滑的关节面。在绘画时，要了解长骨的整个生长趋势，并注意表现两端关节的形态，以及运动后关节所产生的变化。

短骨一般呈立方体状，能承受较大的压力，大多成群地分布于某一部位，如腕骨等。

扁骨呈板状，大多分布在头、肩等处，如颅骨、肩胛骨等。

不规则骨的形状不规则，如位于脊椎的椎骨等。

其中，骨点是由骨骼上大小不等、凹凸起伏的骨面形成的，骨点大都是肌肉组织的起、止附着点。

另外，骨骼形态还有一定的性别差异，一般表现在男性骨骼形态粗犷，骨点明显；女性骨骼轻、体积小，骨面柔和、凹凸起伏小。

三、关节

人体中骨与骨之间通过韧带、肌腱等连接成为关节，关节是人体运动的枢纽。人体全身的关节有着不同的类型与形态，如球窝型、铰链型、平面型、车轴型等。其中，以球窝关节活动性最强，能做出屈曲与伸张、内收与外展、内旋与外旋，以及环动等动作。人体通过关节做出各种动作，形成各种动态。所以对绘画者来说，懂得每个关节的构造与形态特点，是十分重要的。

1. 球窝关节

球窝关节是一种滑液关节，是最灵活的关节，例如肩关节，其中，肱骨的上端呈球状，可以在肩胛骨的凹形关节窝内转动，如图 3-7 所示。

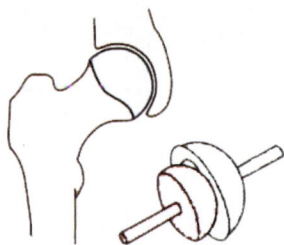

图3-7　球窝关节

2. 铰链关节

铰链关节是只能朝一个方向运动的关节，例如人体中的膝关节、指关节等，如图 3-8 所示。

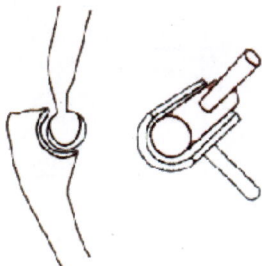

图3-8　铰链关节

3. 平面关节

平面关节的关节面可以看作是直径很大的球面的一部分，所以关节面曲度很小，可以近似看作平面，如图 3-9 所示。由于平面关节的关节面大小基本一致，关节囊紧张而坚固，限制了关节的移动，保持了关节的稳定性，所以这一关节的运动幅度极小。

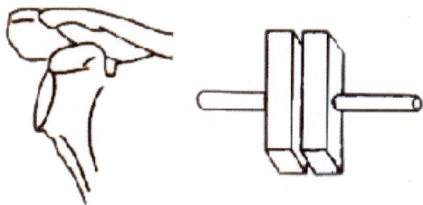

图3-9　平面关节

4. 车轴关节

车轴关节也称圆柱关节，其中，关节头为圆柱面的一段，关节窝是相适应的环，如图 3-10 所示。关节窝位于骨的内侧，关节头绕骨的纵轴在环内旋转，这一关节的典型代表为髋关节。

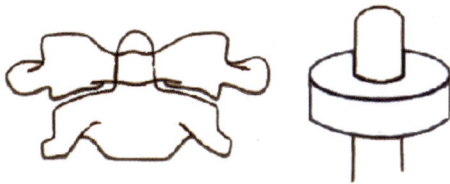

图3-10　车轴关节

5. 椭圆关节

椭圆关节是双轴关节的一种，其关节头呈椭圆形，关节窝与关节头相适应，如图 3-11 所示。椭圆关节能做屈、伸、内收、外展等动作，此外还可以做一定程度的环转运动，此类关节有桡腕关节等。

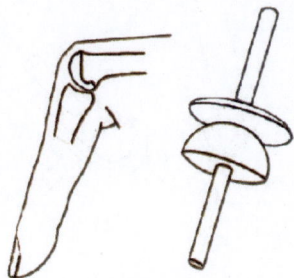

图3-11　椭圆关节

6. 鞍状关节

鞍状关节包含两个"U"形表面，彼此垂直嵌合，两骨块于中心部分的凹槽上接触，彼此可沿另一骨块进行移动，如图 3-12 所示。由于两骨的关节面都是马鞍形，所以二者互为关节头和关节窝，可做屈、伸运动。

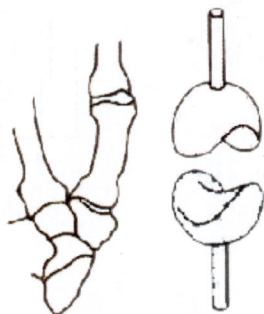

图3-12　鞍状关节

此外，关节又是附于皮肤之下最明显的部分之一，在绘画时必须如实描绘，而不能回避与含糊。从人体结构学的角度来看，骨骼与关节是绘画中最紧要，最难以掌握且易于忽视的表现对象，因此绘画者需要将各个关节的造型简化为榫卯的方式去理解，从而使塑造的人体更加真实。

四、肌肉

肌肉包裹着骨骼，凸显于皮肤之下，对人体形态的影响是不言而喻的，人体肌肉分布图如图 3-13 所示。肌肉运动时，在止点与起点之间拉伸、收缩，牵引着关节运动，产生了相应的人体动作，肌肉形态也随之产生各种变化。

从绘画造型的需要出发，绘画者除了要熟记有关肌肉的名称、生长的位置与起止点外，还需要能默画肌肉的形态、理解相关肌肉间的重叠与穿插关系，更为重要的是，要学会将有关肌肉用概括的手法、以体积的观念表现出来。

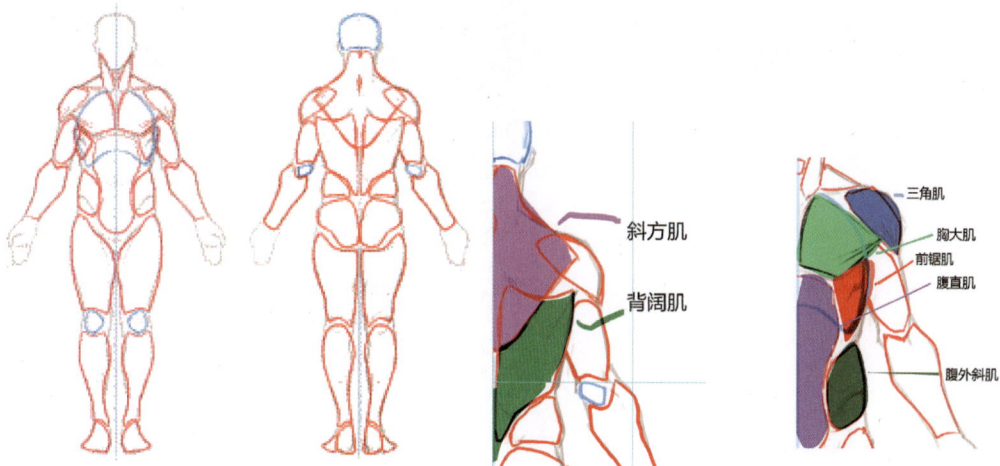

图3-13　人体肌肉分布图

斜方肌
背阔肌

三角肌
胸大肌
前锯肌
腹直肌
腹外斜肌

五、躯干

人体躯干中，上半部分最重要的是胸部，下半部分最重要的是骨盆，这两个部位能直接表现出人体的大致动态和形体。在绘画时，一般通过这两个部位来概括人体动态，如图 3-14 所示。

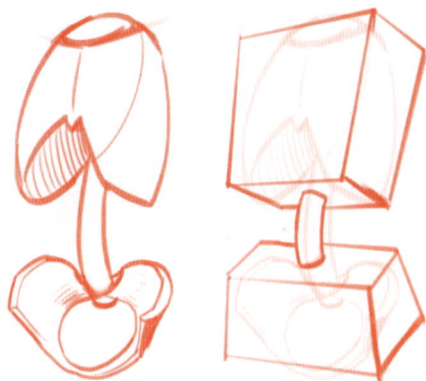

图3-14　概括人体动态

人体的胸廓呈梯形，其上半部分由于肩膀和锁骨的关系，看上去比实际要宽，在绘画时可将其概括为上宽下窄的形状。下面将主要介绍人体躯干的几个重要部分。

（1）脊柱：脊柱是躯干的中轴立柱，联系着人体最主要的头、胸、骨盆等部分，同时也主导着这几部分的运动，如图 3-15 所示。脊柱全长一般为身高的 2/5，大致呈一条 "S" 形，是人体最主要的动态趋势线，其中，女性比男性、老人比青年弯曲得更加明显。

（2）锁骨：与胸骨相连，伸展到肩膀，左右对称，明显与否与胖瘦有关。

图3-15　脊柱

（3）肩胛骨：位于背部上部分，呈三角形，有一处隆起，大部分扁平，与锁骨共同形成肩锁关节。

（4）胸廓：由胸骨，肋骨，胸椎3个部分组成，是坚固且有弹性的结构。胸廓的形状影响了胸腔的大小、厚度，是绘画中重要的造型点，如图3-16所示。

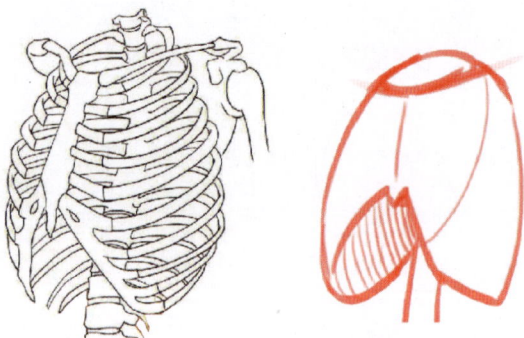

图3-16　胸廓

（5）骨盆位于胯部，是影响人体动态的重要结构，如图3-17所示。

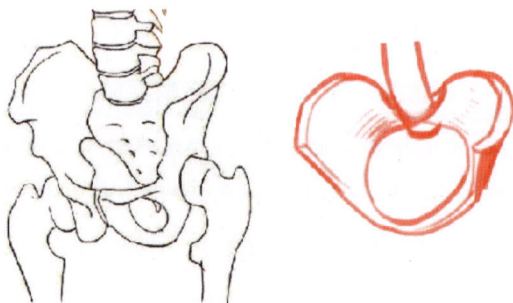

图3-17　骨盆

自学自测

一、单选题

1. 成年人身高一般为（　　）个头长。

A. 3　　　　　　　　B. 7.5　　　　　　　C. 7　　　　　　　　D. 8

2. （　　）是通过韧带、肌腱等连接而成，它是人体运动的枢纽。

A. 肌肉　　　　　　B. 骨骼　　　　　　C. 关节　　　　　　D. 皮肤

3. （　　）是人体最主要的动态趋势线。

A. 脊柱　　　　　　B. 胸廓　　　　　　C. 盆骨　　　　　　D. 四肢

4. 以下不是男性人体的特点的是（　　）。

A. 整体肌肉起伏明显，轮廓分明

B. 整体肌肉丰满圆润，线条平滑

C. 脖子相对粗而短，肩宽、平、方

D. 头骨方且大

5. 骨骼有长骨、短骨、扁骨、（　　）等类型。

A. 圆骨　　　　　　B. 盆骨　　　　　　C. 胸骨　　　　　　D. 不规则骨

二、简述题

试分析男性与女性身体外形特征的差异。

课后提升

任务 1：利用数位板及压感笔画人体比例结构图线稿，参考图见图 3-3（打印纸稿粘贴在空白处）。

任务 2：利用数位板及压感笔画人物骨肌图，参考图见图 3-4 ～图 3-6（打印纸稿粘贴在空白处）。

评价反馈

个人自评打分表

骨肌图绘画
互评表

教师评价表

任务三　掌握写实人物头部绘画技能

学习人物头骨结构特点与五官比例特点，学会画写实人物的头部。

知识目标：熟练地掌握人物头部造型的自然规律和艺术规律。

能力目标：能够表现人物头部特征及比例关系。

素质目标：提高审美素养。

一、头部结构与比例关系

人的头部结构与比例由骨骼决定，特别是肌肉覆盖少的部位，会表现出清晰的头骨轮廓与骨点。这些骨点决定了人头部各个部位的基本形态。其中，男性的头骨棱角分明，最大的特点是眉弓突出，鼻骨、下颌骨明显；女性的头骨柔和圆润，鼻骨、下颌骨一般不及男性明显，头骨图如图 3-18 所示。

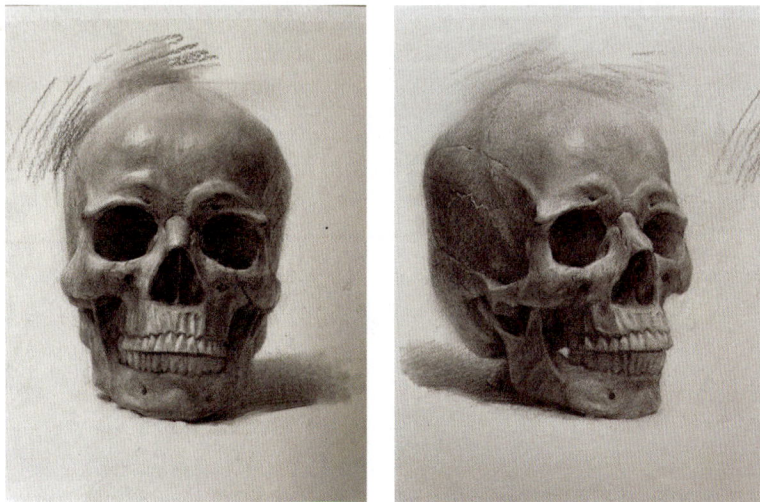

图3-18　头骨图

人的头骨会随着年龄的变化而一直变化。另外，一直变化的还有面部肌肉，它影响着皱纹的走势。人在年轻时，气血旺盛，肌肉饱满，所以面部肌肉显得丰满，皱纹较少；到老年时，肌肉不再饱满，皮肤就会出现皱纹，这些皱纹的走势就是根据面部肌肉而形成的。因此，理解面部的肌肉组织是人物面部绘画的基础，面部肌肉组织如图3-19所示。

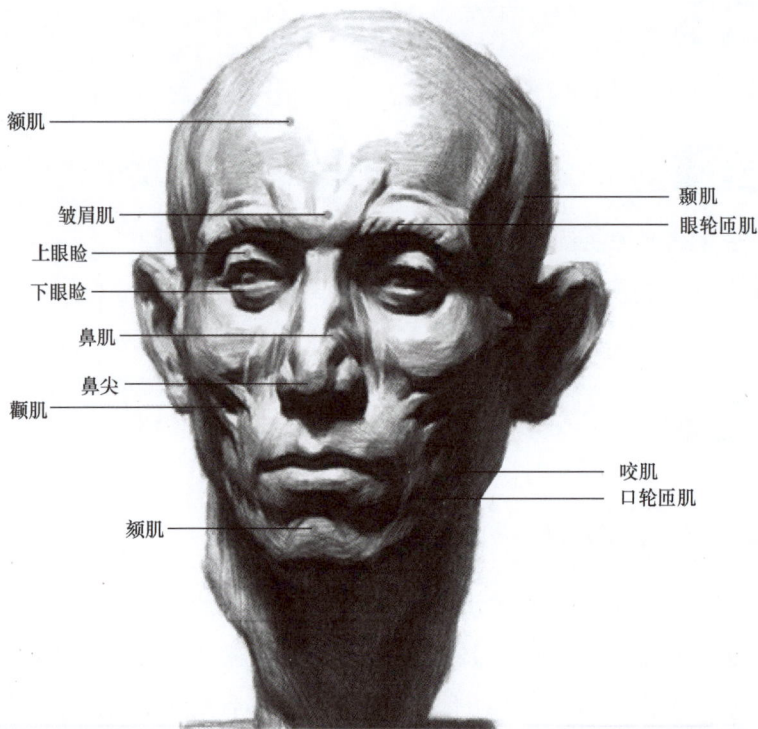

图3-19 面部肌肉组织

面部的肌肉除颞肌、咬肌外，大部分都能产生表情，所以也称作表情肌。面部肌肉按功能可分为以下3类。

（1）作用肌：咬肌、颞肌等。

咬肌和颞肌是咬合动作的主要执行肌肉，与口轮匝肌等协同作用，共同完成咀嚼动作。

（2）扩张肌：额肌、颧肌等。

这类肌肉向面部外部或外上方拉，能使面颊丰满，这类肌肉作用时一般表现喜悦、欢乐的情感。

（3）收缩肌：皱眉肌、眼轮匝肌、鼻肌、口轮匝肌、颏肌等。

这类肌肉向面部内部、下部收缩，表现出紧皱眉头、闭眼、口角及下唇向下、鼻翼收缩等动作，这类肌肉作用时一般表现悲伤、痛苦的情感。

二、五官

五官是头部的重要构成因素，也是塑造好人物头像的关键部位，尤其是眉、眼和嘴，是透露人物思想感情的重要部位。人们形容一个机灵的人一般用"眼观六路、耳听八方"，或把眼睛比喻为"心灵的窗户"等，这些都说明了五官是传神达意的关键部位。要正确生动地画好这些部位，不仅要熟悉它们的基本结构，同时也要在理解结构的基础上，研究它们的个性特征，练习对它们细部刻画的技巧与方法。

五官与五官绘画

1. 比例关系

比例在造型艺术中指一部分跟另一部分或某部分与整体在量或尺寸方面的数量关系。人物头部的结构、形体等造型因素体现在外观形态上必然有一定的比例关系。人物头部的比例关系是灵活的、相对的，是人物头部所形成的一种视觉上协调的关系。而把握比例关系的方法就是"相互比较"，一般在实际写生中运用比较的方法去找到线与线之间、形与形之间、明与暗之间的长度及面积的大小关系。

另外，人脸中五官也是按一定的比例关系组合起来的，比例变了，外貌也就变了。比例在人物面部的刻画中起到非常重要的作用。因此，在画人物头像时，应注意人物五官的大小比例关系，人物头部中局部与整体、局部与局部之间的比例关系，人物头部色调的明暗、层次的比例关系等。

人物五官的标准比例是"三庭五眼"，即长三庭、横五眼，五官比例如图3-20所示。

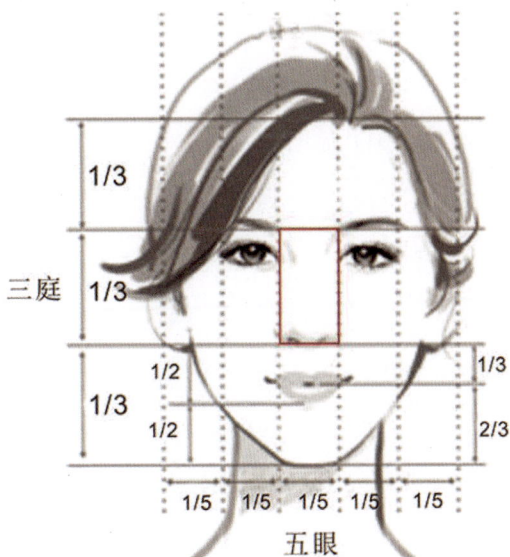

图3-20　五官比例

正面看人物面部，从发际到眉心、从眉心到鼻底、从鼻底到下巴等距离的 3 段为"三庭"。两只耳朵间的距离为 5 只眼睛的长度，即为"五眼"。

面部中轴线，也就是眉心、鼻头、下巴的连线，通常与眼睛水平线呈 90°，即使当头部偏斜时，这两条线仍构成 90°。鼻长通常是鼻底至发际线长度的 1/3 至 1/2，不会短于此长度的 1/3 或长于此长度的 1/2。鼻底到唇珠的长度一般为鼻底到下巴尖的 1/3，鼻底到嘴的下唇缘一般为鼻底到下巴尖的 1/2。耳朵的顶部与眼一般在同一条水平线上，耳朵的底部与鼻底一般在同一条水平线上。年轻人眼睛约在面部的 1/2 处，老人眼睛略在面部的 1/2 以上，儿童眼睛略在面部 1/2 以下。眉弓、下眼睑、鼻翼上缘，这三者之间的距离相等。发顶在面部的中轴线上，鬓角在眉毛外角与耳部外侧间的 1/2 处。人物头部比例关系如图 3-21 所示。

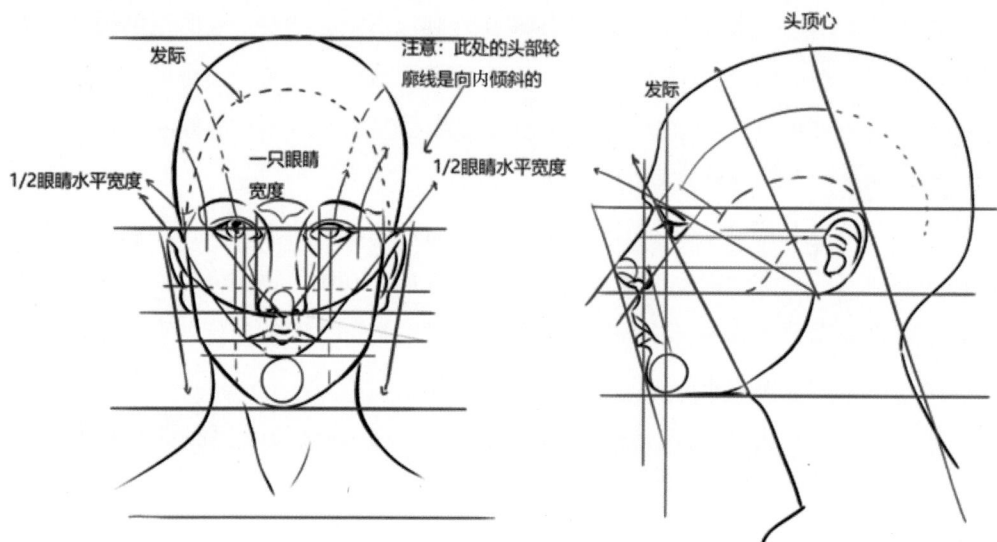

图3-21　人物头部比例关系

头部的这些比例只能作为绘画开始时的参考，而最重要的还是实践中的灵活运用，所谓千人千面，正确区别不同人物的形态结构，才能体现所描绘对象的个性特征。

2. 五官特点

（1）眼睛与眉毛

眼睛结构如图 3-22 所示，眼珠会被上眼皮覆盖一部分，所以我们常见的是中间和下半部分眼珠。画眼珠的时候要注意眼睛的视向，画上眼皮时，眼皮厚度和眼睫毛会产生阴影，显得比较重，所以上眼皮通常画得比较深，而下眼皮则要画浅一些，甚至可以不画。

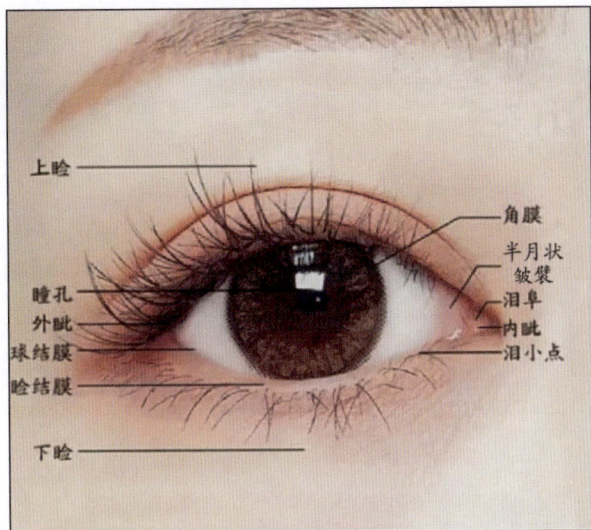

图3-22　眼睛结构

　　眼睛的绘画主要表现眼球，上下眼皮包裹整个眼球，眼球不是中间的黑眼珠，而是包括眼白、黑眼珠的整个的球状结构。绘画时注意理解眼部的结构线，后期眼睛的塑造都是顺着结构线的方向进行的。

　　画侧面头部时，要注意眼部有明显凸起，要画出上下眼皮包裹眼球的感觉，用上下眼睑体现眼球体积。

　　眉毛沿眉骨生长，由于眼眶上缘将眉毛从中段顶起，将其分为两段，内侧的一段眉毛由下往上长，外侧的一段眉毛由上往下长。

　　（2）鼻子

　　鼻子结构如图 3-23 所示，鼻子可以分为以下几个部分。

　　鼻梁，鼻子中央的一条拱形线条，由鼻骨和软骨组成。鼻梁高低、粗细不一，因而也影响着整个鼻子形态的美感和特征。

　　鼻翼，位于鼻子两侧，略扁平，由软骨支撑，可以通过表情的变化而产生改变。

　　鼻头，位于鼻子的前端，一般来说，鼻头要比鼻梁宽，且鼻头平滑，有适当的弧度和角度，分为短胖或是稍长窄等形状。

　　鼻孔，鼻子的两个开口，呈左右对称状，形态可以因情感状态和面部表情而发生变化，如生气时鼻孔会变得大一些。

　　（3）嘴部

　　嘴部分为上唇、下唇等部分，嘴部结构如图 3-24 所示。在写实画风中，嘴巴会表现得比较有立体感，有一定的厚度；而漫画中的嘴巴就相对简化了很多。

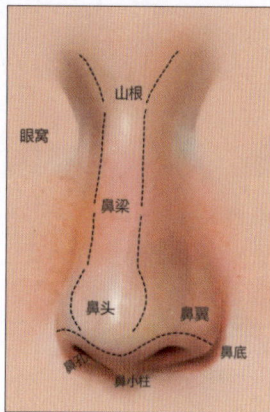

图3-23 鼻子结构

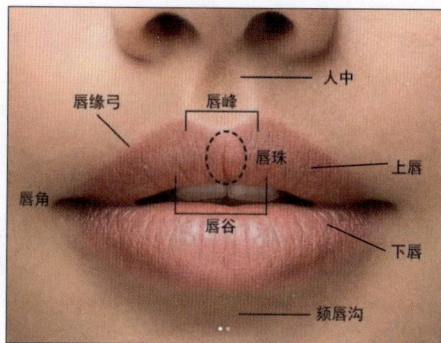

图3-24 嘴部结构

　　嘴巴相对于眼睛和鼻子来说，形态比较多变。首先，年轻人和老年人的嘴巴就有很大不同，年轻人的嘴巴形态比较明确，转折明显，老年人的嘴巴由于肌肉松弛等原因，形态较不明确，转折变化比较小。在写实绘画中，想要画得像就必须抓住这些特征去表现。

　　除了上下嘴唇有一些明显的特征之外，嘴巴周边有很多部位的特征我们也要把握好。一是口轮匝肌，它连接了整个嘴部和脸颊，画嘴一定要把口轮匝肌连起来画；二是人中及下嘴唇的暗部，这两个部位的体积和空间一定要表现出来，人中的深浅是因人而异的，下嘴唇产生的暗部也是有深有浅的，这些部位表现得强烈，那么嘴唇的空间感与立体感就会强。

　　在表现对象表情时，要注意由于上下嘴唇的开合、拉伸及微笑、痛苦等表情所造成嘴部形态的变化。

　　（4）耳朵

　　耳朵是由耳轮、三角窝、耳垂等构成的，耳朵结构如图3-25所示，除了耳垂是脂肪体外，其他部分都是软骨组织。耳朵整体呈上宽下窄的形态，中间大约呈凹形碗状。

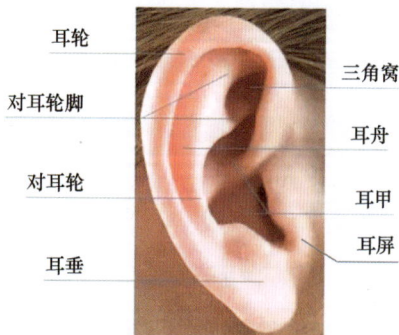

图3-25 耳朵结构

耳轮：由于耳轮的外部形态呈现方中有圆、圆中带方的感觉，所以画耳朵时，要注意表现耳轮外轮廓线从上到下的粗细、深浅和方圆节奏，并且还要在耳轮上分出明暗交界线、反光、灰面和亮面等。

三角窝：耳朵上部的三角窝多数处于暗部中，其形成的投影与起伏变化要给予高度重视。

耳垂：在表现耳垂时，要表现出耳垂底部的轮廓线，耳垂的灰面、亮面及反光。

三、课中实训——头骨绘画

下面以人物头骨为例，讲述写实风格绘画的步骤。在绘画过程中，需要从大的整体关系入手。

首先打开中轴对称，建立头骨的良好图形。找到头骨的大框架，即找到头骨顶部、颅骨两侧顶点、下颌骨边缘，并连接这几个部位，框成良好图形，如图3-26所示。

正面头骨绘画　侧面头骨绘画

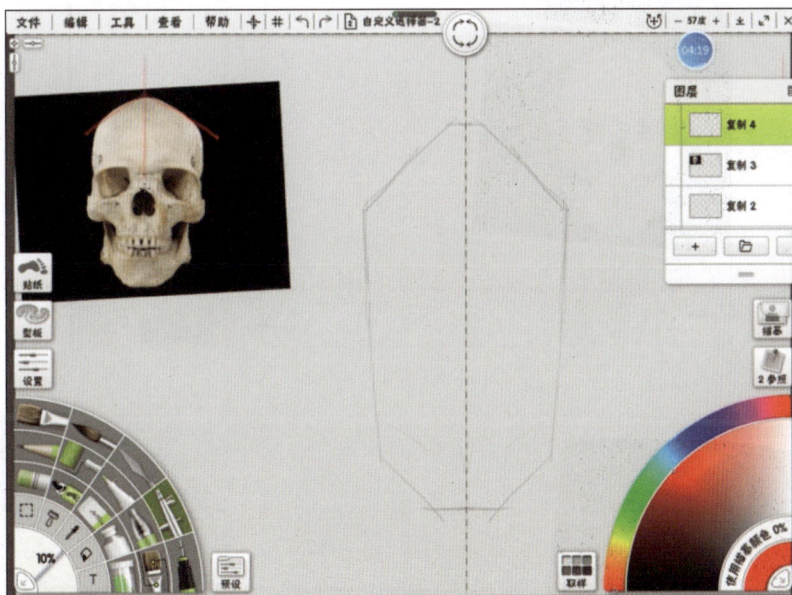

图3-26　建立头骨的良好图形

按五官比例将头骨分割成几个部分，确定五官位置，如图3-27所示。

用几何形把各部分的形态概括出来，如图3-28所示。

头骨上有许多突出的高点（骨点），这些骨点被面部皮肤包裹，成为理解头部结构的依据。接下来细化头骨的几个骨点，如图3-29所示。

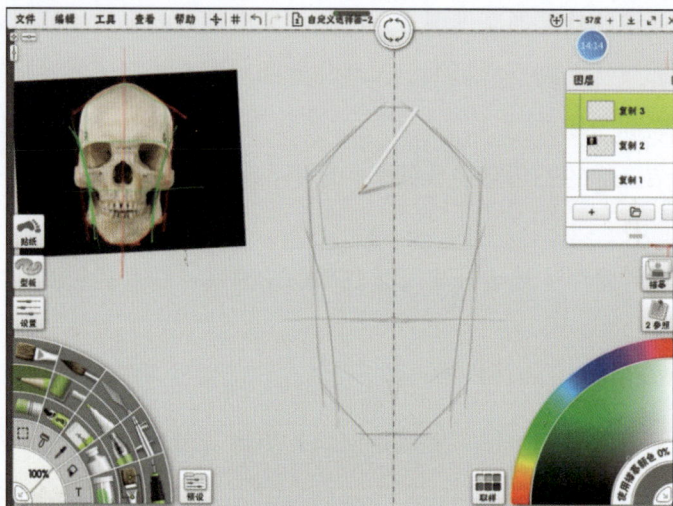

图3-27　确定五官位置

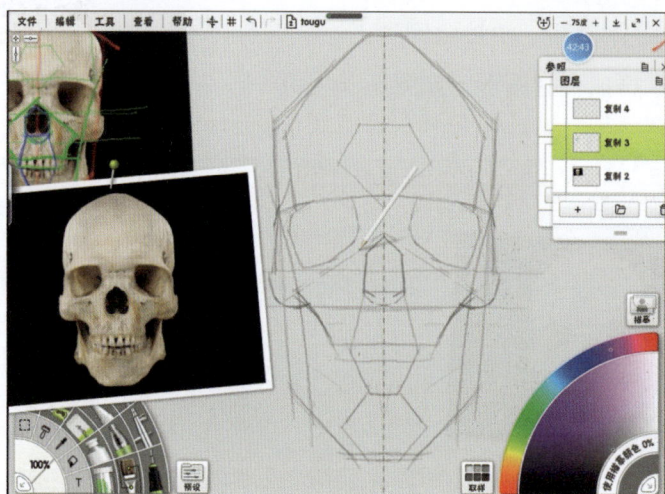

图3-28　概括各部分形态

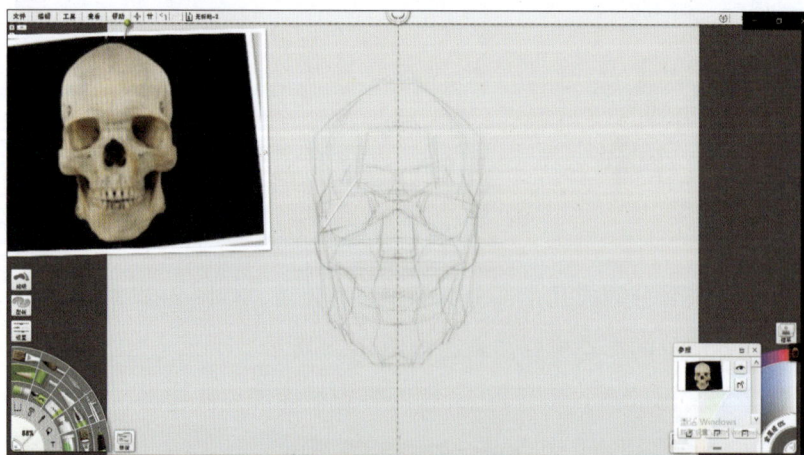

图3-29　细化骨点

调整图层透明度作为草稿图层，新建一个图层细化头骨外轮廓，找到艺术笔刷中的 Bristle Round 笔刷画头骨光影，可以调整笔刷的大小、颜色进行绘画，如图 3-30 所示。

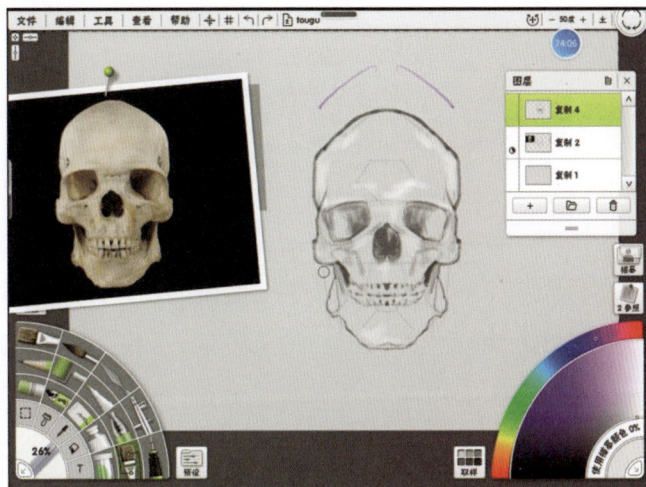

图3-30　画头骨光影

自学自测

一、单选题

1．男性的头骨棱角分明，最大的特点是（　　　），鼻骨、下颌骨发达；女性的头骨柔和圆润，鼻骨、下颌骨一般不及男性明显。

A．眉弓突出　　　　　　　　　　　　B．眼眶突出

C．额节点突出　　　　　　　　　　　D．颧骨突出

2．"三庭"是指从（　　　）到眉心、从眉心到鼻底、从鼻底到下巴等距离的 3 段。

A．头顶　　　　　　B．额头　　　　　　C．发际　　　　　　D．头发

3．"五眼"是指两只（　　　）间的距离为五只眼睛的长度。

A．眼睛　　　　　　B．耳朵　　　　　　C．眼角　　　　　　D．眼珠

4．鼻子的结构可以分为鼻梁、（　　　）鼻头、鼻孔。

A．眉心　　　　　　B．鼻翼　　　　　　C．人中　　　　　　D．软骨

二、简述题

分析头部"三庭五眼"的比例关系。

课后提升

任务 1：观看正面头骨绘画视频

认真观看绘画视频，找出绘画过程中的绘画要点。

任务 2：正面头骨绘画

利用数位板及压感笔画正面头骨（打印纸稿粘贴在空白处）。

任务 3：观看侧面头骨绘画视频

认真观看绘画视频，找出绘画过程中的绘画要点。

任务 4：侧面头骨绘画

利用数位板及压感笔画侧面头骨（打印纸稿粘贴在空白处）。

任务 5：观看五官绘画视频

认真观看绘画视频，找出绘画过程中的绘画要点。

任务 6：五官绘画

利用数位板及压感笔画五官（打印纸稿粘贴在空白处）。

评价反馈

| 个人自评打分表 | 头骨绘画互评表 | 教师评价表 |

任务四 掌握人物形体的表现方法

任务描述

学习用简洁的线条和概括的体块表现人物的动态特征，画出结构准确的人物作品。

学习目标

知识目标：掌握人体结构和运动规律，体会不同动作的特点；了解人物的肢体语言，掌握人物动态的绘画方法和规律。

能力目标：具有对人物形体进行艺术概括的能力。

素质目标：培养审美，体会人体美。

任务分解

人物形态是指人物形象和外形，是二维意义上的表述；人物体块是指人物躯体的体积和块面，是三维意义上的表述。人物形态与人物体块二者总称为"人物造型"。

一、建立体块意识

在创作过程中，绘画者对人体的理解不应该是平面的，而应该是立体的。人物形象无论是静态还是动态，都应该具有三维空间关系，而不是平面概念上的人物剪影。所以我们在绘画之前，首先要大胆概括、舍弃细节，建立体块意识，画出大致的形态和体块，如图 3-31 所示。不要只观察人体的外形轮廓，还要着重观察内部结构，这样才能画出具有立体感的人体。单纯的轮廓形是缺少立体感的平面，不能表达形体的空间感，只有当观察的重点放在人体各部分的形态与体块关系上时，才能使塑造的人体看上去真实存在于空间之中，产生立体的效果。

在绘画中将人体概括成体块，目的是简化人体动态中各种复杂的细节。通过对几何形体相互的连接、位置的移动等的表现构成人体动态，从而理解和掌握复杂的人体绘画。通常可以把人体理解成是由球体、立方体、圆柱体等组成的复合体，几何形体概括人体如图 3-32 所示。这种方法能够帮助绘画者清楚地分析和研究人体不同动态的体块关系，是一种准确和有效的方法，便于绘画者认识人体形体关系和结构特点，同时使人体的各种姿态的变化更容易理解和记忆。只有通过这一训练方式，才能把握人体动态，才能处理好人体各部分的相互叠加、遮挡、扭转和弯曲等姿态的表现。

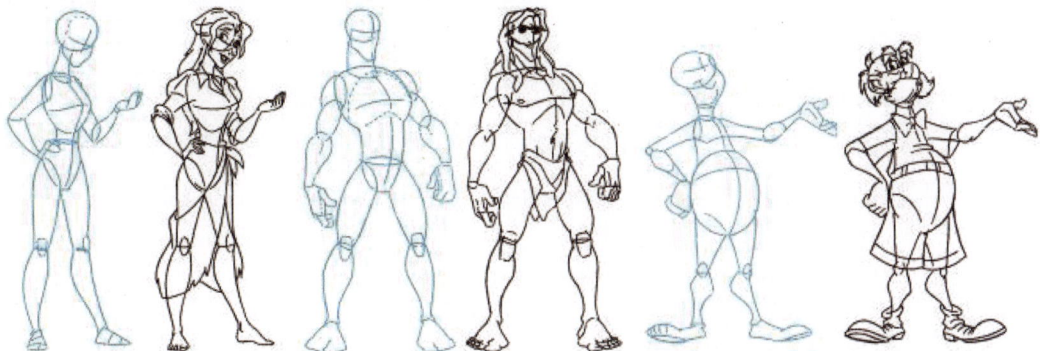

图3-31　画出大致的形态与体块

图3-32　几何形体概括人体

二、人体基本体块的表现

　　提炼人体体块的绘画方法是避免人物形象平面化的一种较为实用的方法。处于立体空间中的人体是由很多部分构成的，包括头部、胸廓、骨盆、上肢、下肢等结构，这些部分都是立体的。人体是由各种各样的体块组合而成的，这些体块相互连接构成人体不同的运动动态。我们在研究人体各

人体基本体块
与动态的表现

个部分的体块时，要多角度地观察体块及体块间的关系。

通常情况下，我们会把头部看成一个球体，四肢看成圆柱体。如果把复杂的人体结构概括成这样简单的几何体，那么理解和表现人体就更加容易了。绘画的第一步就是理解和认识，无论用何种理解方式，只要我们建立正确的观察和认识方法，就能够很容易地画出人体大概的体块关系。

对人体结构有直接影响的三大体块指人体的3个基本组成部分，即头部、胸廓和骨盆。三大体块由脊柱连接，各种动作都是基于三大体块表现出来的，并且是由脖子和腰部及四肢相协调而形成的结果。三大体块的每一块在运动时都会处在不同的角度、不同的方向，使身体表现出不同的姿态，如图3-33所示。

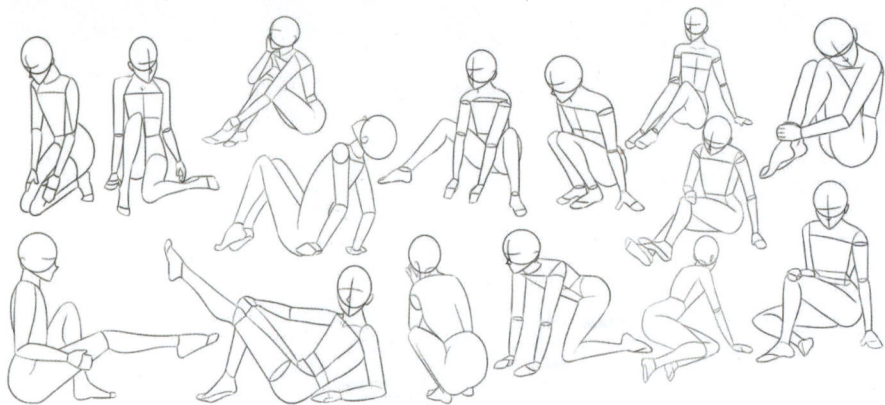

图3-33 体块变化产生不同姿态

四肢是人体运动表现最自由、最丰富的部分，既要受制于三大体块，又保持了独立性。在三大体块基本不变的情况下，四肢的姿态和动作幅度可以千变万化。可见，三大体块是根本，而四肢起辅助协调的作用。因此，可以说掌握了三大体块的组成关系，也就掌握了人体运动的规律及特点。

三、人体运动方式的表现

人体运动时，我们通常关注的是躯干体块的微妙变化关系。躯干体块有3种运动方式，这3种方式基本上是以腰部为轴、骨盆不动、胸廓运动的方式表现的。

1. 左右弯曲运动

躯干体块左右弯曲运动从正面看是身体左右弯曲的变化，其中胸廓位移较大，使上半身发生左右倾斜。生活中这类动作包括体操活动中的体侧运动等，如图3-34所示。

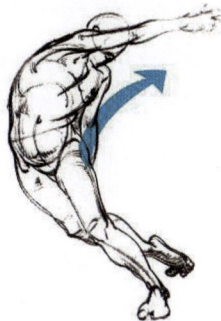

图3-34 左右弯曲运动

2. 前后弯曲运动

躯干体块前后弯曲运动从侧面看是身体前后弯曲的变化，也就是常见的弯腰与后仰等动作，如图 3-35 所示。

图3-35 前后弯曲运动

3. 扭转弯曲运动

躯干体块扭转弯曲运动从顶面看是胸廓相对骨盆的扭转，是角度方面的变化，如生活中转身等动作，如图 3-36 所示。

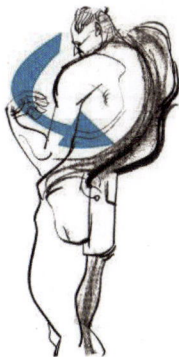

图3-36 扭转弯曲运动

四、课中实训——人物动态绘画

人是世界上独一无二的生命体，人体具有构造美、生命美、运动美、情感美，能表现出人类复杂的精神品质，始终是人类艺术创作长盛不衰的主题。对人体特征的理解和掌握是动画师、设计师等的必修课。特别是在动画创作中，无论是人体结构还是运动规律，都是最复杂、最微妙、变化最丰富，也是最难掌握和表现的。如果能熟练地掌握复杂的人体结构和运动规律，那么就能游刃有余地表现风格多样的人物形象及其运动状态。

人物动态绘画

1. 确定整体比例关系

在人物动态具体的绘画过程中，我们也同样需要从大的整体关系入手开始绘画。先找准人物的头颈关系，再找出关键的姿态中轴线，在基本动态准确的基础上，进行细节的绘画。画任何物体都要确定比例并建立良好图形，根据人物的头身比把人物的头部、身体、四肢整体的比例关系先定下来，如图 3-37 所示。

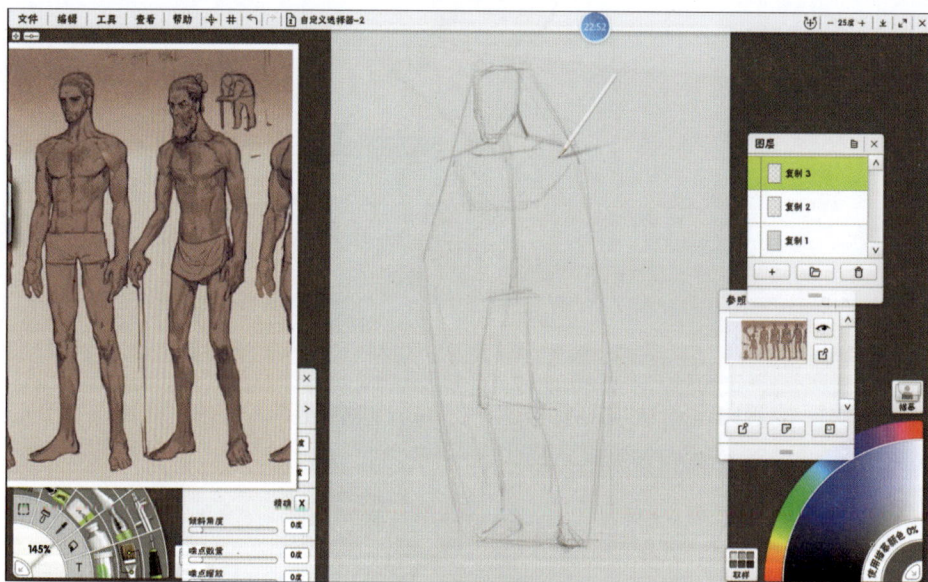

图3-37　确定整体比例关系

2. 分割体块

确定比例关系后，要把人物身体的肌肉按块的方式进行分割，如图 3-38 所示，可以参考前文的人体骨骼图与人体肌肉分布图。绘画时要注意人物站立的姿势，由于有透视角度，所以左半边与右半边的宽度是不一样的，需要绘画者根据中轴线及时调整比例关系。把人物的结构分为几个大的体块后，再衔接各个体块，如脖子与胸腔、腰部与胯部、大腿与小腿的衔接,小腿与足部的衔接等,绘画时注意不要一步到位,应边画边对局部形体进行修正和调整,随时参照参考图纠正画面的不足,画准结构的主要转折处。然后要抓住人物的特征进行细节修饰,画细节的线条要讲究虚实变化。最后,依据人体的结构关系进一步对作品进行调整,要抓大放小、整体观察,以简练灵动的笔法进行绘画。

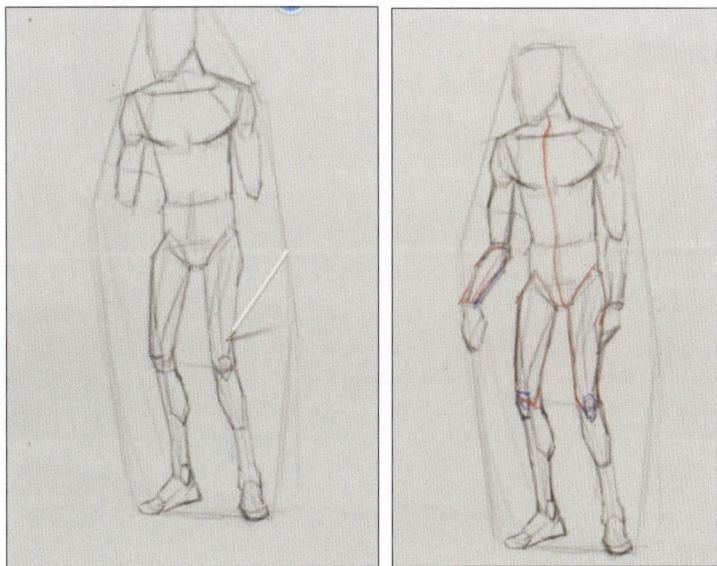

图3-38 分割体块

3. 细化五官与外轮廓

根据五官的比例,绘画者可以先确定五官的位置,再根据人物五官绘画要点细化五官,如图 3-39 所示。

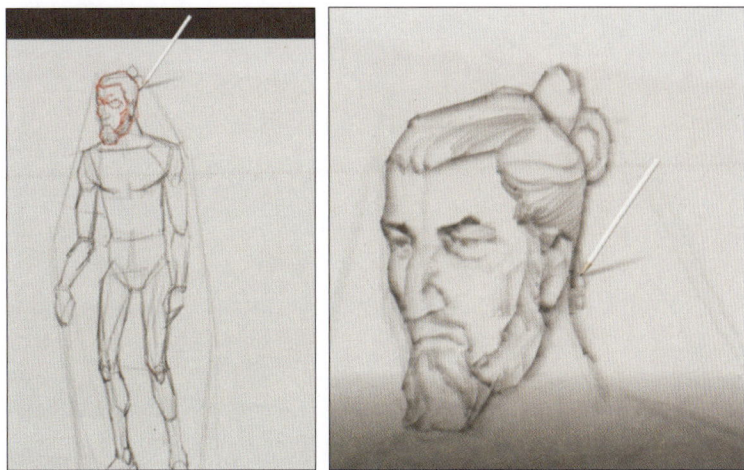

图3-39 细化五官

新建一个图层，用肯定的线描绘出人物的外轮廓与各部分细节。抓住动态、结构、体积等的表现，为后期作品的深入和效果表现做铺垫，如图 3-40 所示。

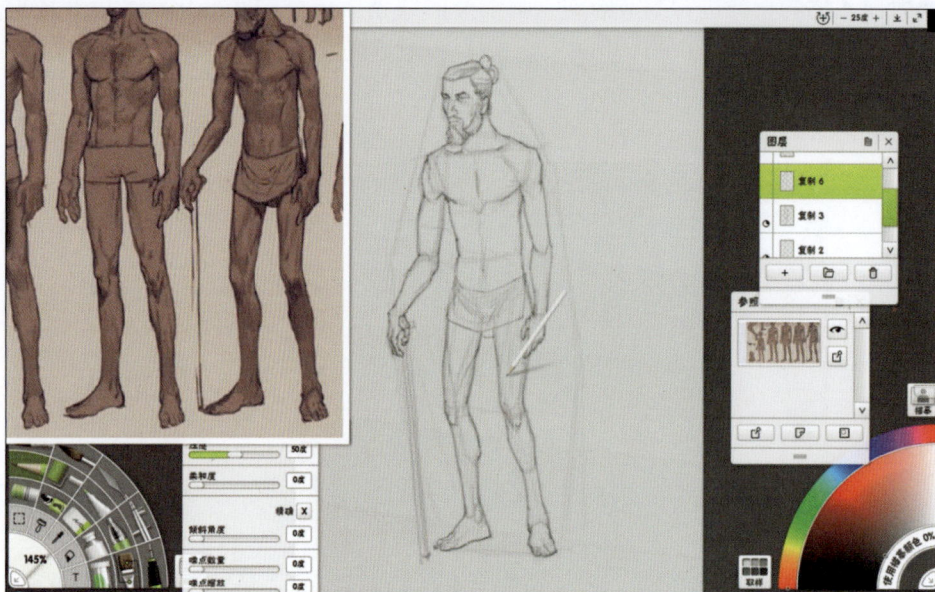

图3-40　细化外轮廓

自学自测

一、多选题

1. 对人体结构有直接影响的"三大体块"指人体的 3 个基本组成部分,即(   )。

A. 头部   B. 颈部   C. 胸廓   D. 骨盆

2. 人体运动方式的表现包括(   )。

A. 左右弯曲运动   B. 前后弯曲运动   C. 扭转弯曲运动   D. 上下弯曲运动

二、简述题

简要说明人物动态绘画的过程。

课后提升

任务1：观看人物动态绘画视频

认真观看绘画视频，找出绘画过程中的绘画要点。

任务2：人物动态绘画

用体块概括的方式画不同人物动态（打印纸稿粘贴在空白处）。

评价反馈

个人自评打分表

人物动态绘画
互评表

教师评价表

任务五 掌握人物衣纹的特点与绘画方法

任务描述

学习人物衣纹的表现方法。

学习目标

知识目标：了解人体结构及人体处在不同姿态下的衣纹形态。

能力目标：能够用线准确地表现衣纹。

素质目标：提高对人体结构和谐美与动态美的感知。

任务分解

一、衣纹的类型与特点

画人物时，很多人都对衣纹无从下手，觉得画多了烦琐，画少了又空洞。遇到这种情况，我们首先应该回归到形体结构。其实每一条衣纹的出现都与人物的形体结构有关。因此我们只要找准几条最能体现人物形体结构的线，同时注意表现衣服的质感，就能将衣纹画好。此外，衣纹的组织特别注重分布，即多少、粗细的分布，要有聚有散、有松有紧、有粗有细、有虚有实，充分利用点、线、面来表现衣纹。下面我们来看看具体的衣纹类型。

1. 装饰纹

装饰纹是服装本身在设计制作过程中就已经形成的，它对衣物起到了特有的装饰效果和功能效果，如图 3-41 所示。在描绘装饰纹时，需注意用线的起点和终点，另外，还要注意把握装饰纹的用线节奏，如长短、虚实、粗细，以及间隔、朝向等。

2. 拉伸纹

拉伸纹是由两个力作用于衣料而产生的，如图 3-42 所示。衣料上有两个明显的受力点，皱褶会从这两点延伸出来。

图3-41　装饰纹

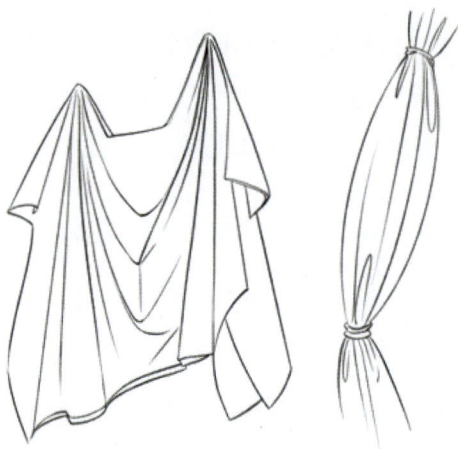

图3-42　拉伸纹

3. 转折纹

人体在运动时，各体块、关节等位置所产生的衣纹称为转折纹，如图 3-43 所示。比如腿部弯曲时，腘部会产生大量衣纹。用体块理解时，大、小腿可以看作圆柱体，膝关节可以看作球体，腿部弯曲时，腘部会产生转折纹，而膝部和腿部会产生拉伸纹。

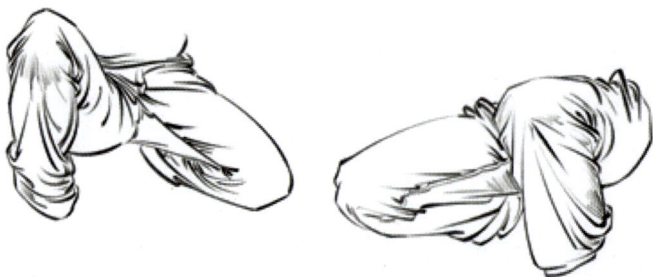

图3-43　转折纹

4. 堆积纹

堆积纹指的是大量衣纹集中在人体的某一个部位，比如撸起的袖子产生的衣纹，或者裤子较长在脚踝处堆积产生的衣纹等，如图 3-44 所示。理解堆积纹，首先要从衣纹的结构入手，衣纹可以简单看作圆柱体，而我们人体的许多体块用几何形体去概括时，也可以理解为圆柱体，两者结合，可以看作衣纹的小圆柱体包裹人体的大圆柱体。许多衣纹聚集在一起，也就是大量的小圆柱体堆积在一起。绘画时要注意，衣纹的大小不规律，且衣纹之间会相互影响，形成遮挡关系。另外，衣服的面料是有弹性的，所以在没有遮挡关系的情况下，有的衣纹会连在一起。

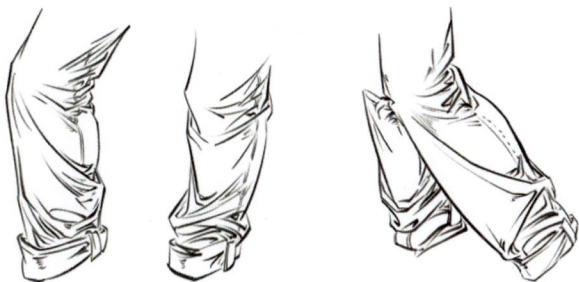

图3-44 堆积纹

画好衣纹不仅要经过大量练习，还需要知道衣纹形成的内在原因。只有了解了衣纹产生的原理，才能在画的时候思考清楚：为什么这里的衣纹是这样，我应该如何处理。在了解清楚原理之后就需要大量练习，掌握规律，加快绘画速度，之后遇到衣纹问题就会迎刃而解。

二、衣纹的绘画方法

好的衣纹绘画主要表现在以下几个方面。

① 用线连贯、流畅、生动；

② 衣纹服从于人体结构；

③ 线条有节奏、有变化，即有疏密、轻重、虚实的变化，能充分体现出衣纹的空间与结构；

④ 能表现出衣服的质感。

人体结构和衣纹的产生有很大关联，正因为有不同的骨点、不同的肌肉和不同的形体动态，衣纹的变化才会那么丰富。结构在绘画作品里可以说是一个个支撑点，点找准了，整个画面的人才会有力，才能站稳、坐稳，看上去才会精神，不会软绵绵、有气无力。

画衣纹时，主要有以下几个步骤。

（1）明确比例和方位

比例和方位在绘画过程中属于重中之重，明确了人物的比例和方位后，便能更好地理解衣纹的形态。

（2）分形

任何复杂的形体都可以概括为几种基本的几何形体。分形是将人体分为简单的体块关系，并用基本的几何形体来表现的一种方式。将人体分形后，可以将衣纹进行分形处理，画出其大致轮廓。

（3）渲染体积

依据实际处理画面的黑、白、灰关系，渲染体积，确定大的线条趋势走向，理性分析衣纹的结构。

（4）表现衣纹趋势

在大的衣纹趋势确定后，画主衣纹线条和次衣纹线条，在层次关系准确的基础上继续添加衣纹细节。

三、课中实训——衣纹绘画

1. 画人物的基本结构

选择 Bristle Round 笔刷，先画出人物头颈的比例关系，找出人物的中轴线，依据我们之前学习的解剖常识将人物的基本结构准确地画出来，如图 3-45 所示。

衣纹绘画

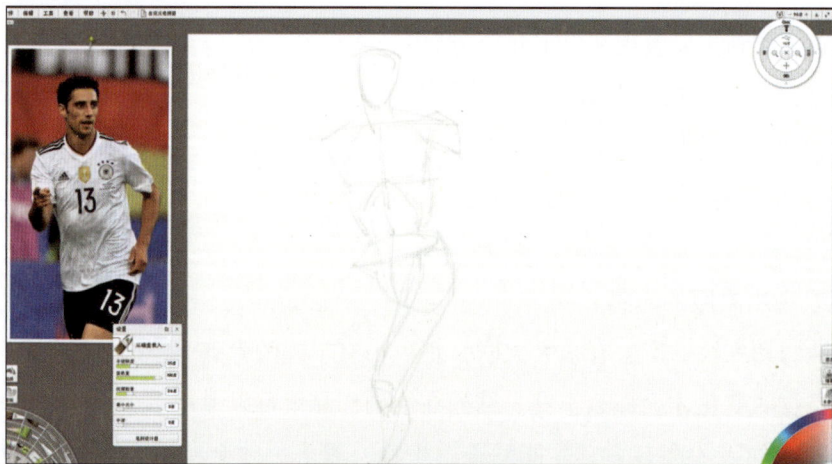

图3-45　画人物的基本结构

在比例和方位正确的前提下，使用几何形体的方式去简略概括人体结构，简化人体肌肉与骨骼。例如，头部的外轮廓可以用圆来概括，但内部空间可以用立方体或圆柱体来表现，突出立体感。绘画时需要特别注意脊柱、肩部和胸廓，大腿和胯部等的衔接，如图 3-46 所示。

图3-46 概括人体结构

要依据照片或者模特的姿态最大程度地还原体块关系，这样绘画者才能更加明确地表现衣纹。绘画者画衣纹时，可以参考一些优秀的绘画案例，如图 3-47 所示，从中学习"人体几何剪影—人体体块—衣纹趋势—细节刻画"的绘画过程。

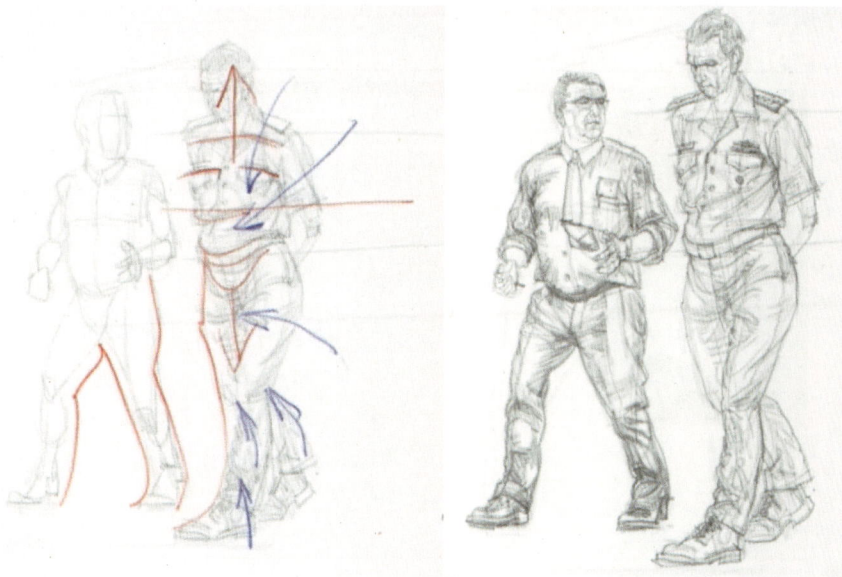

图3-47 绘画案例

2. 表现衣纹

画出人体结构后，进入渲染体积的阶段，利用黑、白、灰关系表现人体的立体感，并注意虚实关系的对比。

在初步表现衣纹趋势时，要尽量放松，不要纠结细节，要注意整体的方向性，如图 3-48 所示。衣纹是顺着人体结构而产生的，所有表层的轮廓都和内在的结构有联系。

图3-48　表现衣纹趋势

表现衣纹细节时，先从大的衣纹着手，把第一层衣纹表现出来，在第一层衣纹的大趋势下添加第二层衣纹，在层次关系准确的基础上继续往里面添加细节，把所能看到的细节尽可能地画准。画的时候要注意，衣纹的线条要尽可能流畅，不要断断续续，如图 3-49 所示。

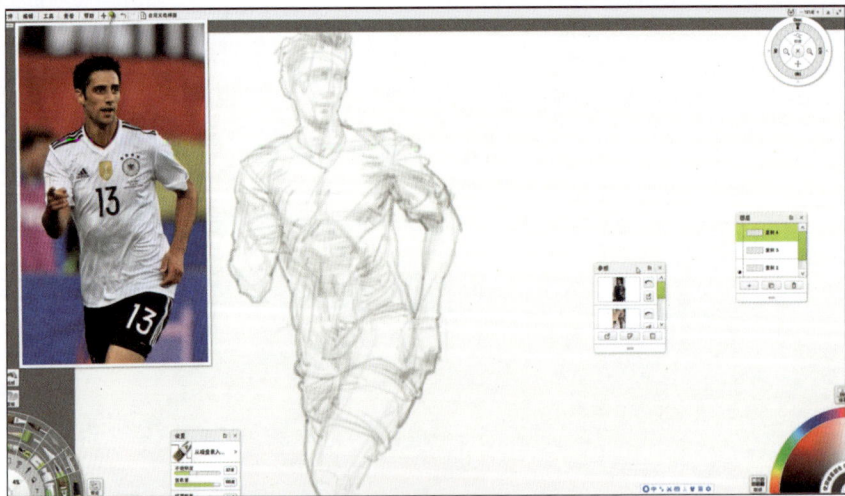

图3-49　表现衣纹细节

自学自测

一、单选题

1. 正确的衣纹的绘画过程是（   ）。

A. ①确比例和方位②分形③渲染体积④表现衣纹趋势

B. ①确比例和方位②分形③渲染体积④绘制外轮廓

C. ①确比例和方位②渲染体积③分形④绘制外轮廓

D. ①确比例和方位②分形③绘制外轮廓④表现衣纹趋势

2. 绘制衣纹时，可以参考一些优秀的绘画案例，从中学习"人体几何剪影—人体体块—衣纹趋势—（   ）"的绘画过程。

A. 细节刻画　　　　B. 衣纹形态　　　　C. 衣纹轨迹　　　　D. 衣纹色彩

二、简述题

试分析人体不同部位所产生的衣纹有何不同。

课后提升

任务 1：观看衣纹绘画视频

认真观看绘画视频，找出绘画过程中的绘画要点。

任务 2：衣纹绘画

画运动中人物的衣纹（打印纸稿粘贴在空白处）。

评价反馈

个人自评打分表　　　　人物衣纹绘画　　　　教师评价表
　　　　　　　　　　　　互评表

项目四

动漫角色绘画

任务一　在动画中建立动漫角色审美分析

认识动画和动漫角色的特点，并学会对动漫角色进行分析。

知识目标：了解和认识不同动漫角色的风格特点及表现技巧。

能力目标：能够掌握动漫角色的绘画方法。

素质目标：提升艺术修养与文化修养。

动画中的角色是动画文化中的重要组成部分，这些角色通常具有鲜明的个性、独特的外貌和性格。动画中的角色的魅力不仅在于他们的外貌，更在于他们所代表的文化符号。

一部动画电影的成功，必须首先归功于其中成功的角色，虽然记忆会流逝，片中的情节会模糊褪色，但是，造型生动有趣、性格独特的角色会留在人们的记忆中。动画中的角色与其他设计元素融合在一起，对整个影片的艺术风格起到至关重要的作用。

动画中角色的审美分析

动画中的角色

在动画发展的过程中，由于社会、民族和艺术家个人艺术风格的不同，形成了许多不同的风格流派。比如，画面唯美、寓意深刻的日本动画；节奏轻快、注重叙事、富有想象力的美国动画；意境深远、饱含哲学思想的中国动画；异军突起的法国动画、俄罗斯动画、捷克动画及韩国动画等。

一、动画的分类

动画是技术发展的产物，是电影和电视艺术领域中的重要类型。动画是集合了绘画、电影、数字媒体、摄影、音乐、文学等众多艺术门类于一身的艺术形式，最早发源于 19 世纪上半叶的英国，兴盛于美国，中国动画起源于 20 世纪 20 年代。动画是一门年轻的艺术，它是唯一有确定诞生日期的一门艺术，1892 年 10 月 28 日埃米尔·雷诺首次在巴黎著名的格雷万蜡像馆向观众放映光学影戏，标志着动画的正式诞生，同时埃米尔·雷诺也被誉为"动画之父"。动画艺术经过了 100 多年的发展，已经有了较为完善的理论体系和产业体系，并以其独特的艺术魅力深受人们的喜爱。

根据不同的制作方式，动画主要可以分为 5 大类，即传统动画、二维动画（2D 动画）、三维动画、MG 动画、定格动画。

1. 传统动画

传统动画（Traditional Animation），也被称为"经典动画""赛璐珞动画"或"手绘动画"，是用最传统的动画制作方式，即手工画每一帧画面，然后将这些画面连续播放形成的动画。传统动画制作周期长，制作费用高，但由于其制作方式的特殊性而具有独特的艺术美感。

2. 二维动画

二维动画也称为 2D 动画，即借助计算机位图或矢量图形来创建、修改、编辑的动画，制作上和传统动画比较类似。二维动画在影像效果上有巨大的进步，制作时间上相对以前有所缩短。现在的二维动画一般在前期使用手绘，然后扫描至计算机进行制作，或者是用数位板直接在计算机上绘画。而特效、音乐效果等后期制作工作则几乎完全使用计算机来完成。可以制作二维动画的软件包括 Flash、After Effects、Premiere 等。

3. 三维动画

三维动画是由计算机技术建立一个模拟的、不存在的世界，动画工作者在这个不存在的世界中建立各种各样的动画形象，并设置一定的数据，然后调节各种数据，力求达到最完美的效果。

三维动画技术有别于以前所有的动画技术，给了动画工作者更大的创作空间，精密的模型、照片质量的渲染使动画的各方面水平都有了提高。三维动画几乎完全依赖于计算机制作，在制作时，图像渲染的效果会因为计算机性能的不同而不同。三维动画主要的制作技术有：建模、渲染、灯光阴影、纹理材质、动力学、粒子效果（部分 2D 软件也可以实现）、布料效果、毛发效果等。

中国近几年的三维动画大放异彩，涌现了一大批以传统文化故事为题材的优秀三维动画影片，例如《大鱼海棠》《西游记之大圣归来》《哪吒之魔童降世》《白蛇：缘起》等，其中《白蛇：缘起》动画画面如图 4-1 所示。

图4-1 三维动画《白蛇：缘起》

● —— 4. MG动画

MG 动画（Motion Graphics Animation），即动态图形或者图形动画，通常包括视频设计、多媒体 CG 设计、电视包装等。动态图形指的是"随时间流动而改变形态的图形"，是影像艺术的一种。

MG 动画融合了平面设计、动画设计和电影语言，它的表现形式丰富多样，具有极强的包容性，总能和各种表现形式及艺术风格混搭。MG 动画的应用领域主要集中于节目频道包装、电影电视片头、商业广告、MV、舞台现场屏幕、互动装置等。

● —— 5. 定格动画

定格动画（Stop-motion Animation）是一种以现实的物品为对象，同时应用摄影技术来制作的一种动画，又称为静格动画、静止动画等。定格动画根据使用物品的材料可以分为粘土动画（Clay Animation）、剪纸动画（Cutout Animation）、木偶动画（Puppet Animation）等，这些类型中又另有细分。定格动画有别于传统动画和计算机制作的动画，具有非常高的艺术表现性和非常真实的材质纹理效果。制作时，先对对象进行摄影，然后改变拍摄对象的形状位置或是替换对象，再进行摄影，反复重复这一步骤直到这一场景结束，最后将这些照片连在一起，连续播放形成动画。

二、动画中角色的不同风格

1. 写实风格

写实是对客观世界的描绘和记录，是对符合自然发展的相对稳定的规律的再现。在艺术领域中，写实是一种风格、一种流派。写实风格是迄今为止一种非常重要的动画风格，日本动画《猫眼三姐妹》即为写实风格的典型代表，如图4-2所示。写实风格十分考验动画制作者的功底，而且对学习其他动画的风格也有很大的帮助。

图4-2　《猫眼三姐妹》

2. 漫画风格

漫画风格一直是动画的主流风格，是指在掌握了现实人物结构的基础上，更有目的性地对角色进行夸张、变形处理，即夸大角色的某一特征，强调角色的某种性格，是一种幽默有趣的造型艺术形式。漫画风格的动画能充分体现出动画艺术的娱乐性特征，其夸张、幽默、风趣的艺术特点，给人们留下了美好的回忆。但是漫画风格的动画造型并不意味着简单的变形或无目的的夸张，塑造动画形象时必须抓住其典型特征，每一部分的夸张、变形都应基于角色的特点，既要反映角色的性格与民族文化，又要符合动画制作的要求。

我国的动画《三个和尚》就是漫画风格的典型代表，如图4-3所示。该动画是中国动画片的典型代表，其中各种造型的单纯化、符号化、幽默感，都准确生动地赋予了人物以特有的性格和气质。

图4-3 《三个和尚》

3. 拟人风格

拟人就是把一些非人的事物人性化，赋予它一些人的表情、动作、性格、行为等特征，使它具有人的思想、情感和智慧。拟人风格是动画片中常用的一种类型，这类风格的动画用拟人的方法把属于人类身上的特质、价值观通过非人事物表现在大众视野中，例如，迪士尼出品的三维动画片《疯狂动物城》就是这一风格的代表，如图 4-4 所示。在创作这一风格的动画时，除了要掌握拟人的规律以外，还必须掌握非人事物的外部特征。在进行拟人化造型设计的时候，动画制作者一定要学会自己动手勾画，并掌握其中的规律，在掌握非人事物本身的外部特征的情况下，把人的服饰、动作、表情和形态特征加在器物、植物和动物的身上，使它们具有人情味。

图4-4 《疯狂动物城》

4. 抽象风格

抽象风格的动画一般受众面比较窄，多见于实验性动画的研发或动画制作者的个人创作中，具有强烈的表现主义色彩，构思大胆、设计出奇，有浓烈的装饰艺术性。这类动画中，角色的动作不受一般规律限制，而是可以根据作者的意识随意变化，具有强烈的平面化、夸张化特点，一般根据画面体现出独特的运动风格，如像逐帧定格一样的机械感，或是夸张的运动感等。抽象风格的动画会结合多种符号元素，画面简洁，构图讲究，镜头运用富有特点，表现手法丰富多样，有明显的视觉形式特点和概念化的设计性，能彰显出动画制作者的个性。

5. 装饰风格

装饰风格源于民族风格的装饰绘画，其特点是主观人为地将看到的画面概括、删减、变形、夸张，使立体的物象趋近平面化、图案化。装饰风格动画就是将装饰风格绘画的元素融入动画设计中，其艺术性强，多用于艺术性实验短片。装饰风格动画具有造型简洁、色彩精练、光影简单、艺术效果突出、视觉冲击力强等特征。

2014 年，美国著名导演罗伯特·泽梅基斯翻拍了 1968 年经典的动画作品《黄色潜水艇》（见图 4-5），这部动画在制作时引入了许多创新的技术和艺术手法，通过独特的视觉效果和装饰性的动画风格展现出新奇的图像和场景。这部动画的视觉刺激和抽象表现吸引了年轻观众的注意，对动画电影的发展产生了深远的影响。

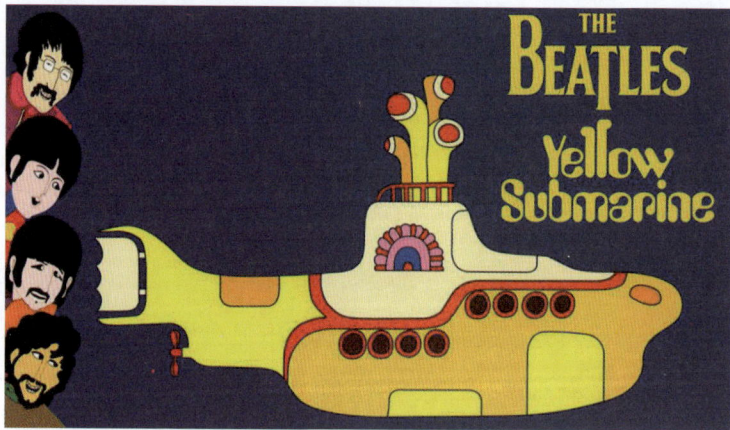

图4-5 《黄色潜水艇》

三、表现动漫角色的注意事项

动画是具有较强假定性的艺术，主要借助想象、象征、夸张、变形的手法，传达审美和价值观。因此，让动画中的角色变得更有生机活力，并且能传达人们所要表达的思想意识，这是表现角色的要点。

动漫是动画与漫画的合称，动漫角色的表现与动画中角色的表现有着共通之处。成功的动漫角色不仅能够得到观众的认可，而且能够得到观众的喜爱、憎恨、仰慕、怜悯、崇拜等情感，观众仿佛可以与角色对话。

动漫角色不能单独设计，而是需要统一整体的美术风格和表现形式。绘画者需要分析理解角色，搜集、整理所需要的相关资料，才能较为准确地进行动漫角色的设计。

1. 动漫角色的形体结构与比例关系

动漫角色的形体结构与比例关系可以从写实风格和漫画风格两个方面来分析。

写实风格遵循一般人体的规律，以人的骨骼关系、身高比例、年龄特征为基础进行设计，但也并不是对现实人物的完全照搬，需要加以提炼和概括，在动漫角色的表现中，写实风格的角色占有较大比例。漫画风格的动漫角色设计则是在掌握了现实人物结构的基础上，更有目的性地对角色进行夸张和变形。

2. 动漫角色的性别

男性和女性的不同不单单是外在穿衣打扮和发型的不同，在设计动漫角色时，要从决定男女性别的形体结构进行分析。

动漫角色的设计中，一般来说，女性的脸要圆润、可爱，眼睛要表现得又黑又大，鼻子要小巧玲珑，嘴巴要娇小可爱，眉毛要柔软弯曲且略微向下，从脸颊到下巴的线条要有弧度、柔美、流畅；而男性的眼睛较小，眼白略多，眉毛略微上扬，嘴形清晰且嘴巴较宽，鼻线画得越直越能显现出男性的刚毅，若画成弧形则会显得温柔，下巴应该画得方些，脖子要画得略粗，富有立体感。

四、课中实训——神奇女侠绘画

进行动漫角色的绘画时，要通过观察真实人物的动作和姿态，或者参考其他优秀的动漫作品来加深对人物形态的理解，然后依据一定的比例、结构特点和运动规律来画。

1. 确定良好图形与比例

画神奇女侠这一动漫角色时，首先要画出良好图形，如图 4-6 所示，确定头、肩的比例关系，以及脸的长度与宽度的比例。找出头部的中轴线，注意中轴线是在空间关系里的，并不是平面的，所以要用弧线表现。同时要定位脸部中五官的位置，绘画时可以参照之前讲的三庭五眼的比例关系。

确定良好图形
与比例

图4-6　神奇女侠的良好图形

　　将画好的这一图层的透明度降低，作为新建图层的参考。接下来描绘角色的轮廓线，将眉眼、鼻子、嘴巴的形体勾勒出来，画的时候要注意调整眼睛、鼻子、嘴的大小比例关系，在不断地对比中找准形体，如图 4-7 所示。

图4-7　确定五官的比例

2. 细节绘画

　　接下来进行不同部位的细节绘画。画头发时，可以将其总结成束，按照飘动的趋势画，如图 4-8 所示。

图4-8　画头发

头发的线条可以放松一些，曲度尽量自然一些，绘画时可以参考如图 4-9 所示的红色分形线，它对头发进行了分组，相对更有条理。

脖子上的装饰以分形的方法概括，如图 4-10 所示，脖子下的胸锁乳突肌要按照肌肉的走向绘制。

同时，把肩膀、大臂、胸部各部分的形体用几何形状分形概括出来，如图 4-11 所示。

细节绘画

图4-9　分形线

图4-10 概括脖子上的装饰

图4-11 分形概括

● 3. 增加光影和虚实变化

线稿初步完成之后，接下来要对角色进行上色。新建图层作为填色图层，利用选择工具，把角色外轮廓选中，注意要把头发镂空的部分去掉。选区确定后整体填充灰色，然后对角色不同的部分上色。脸部和头发的颜色是有区别的，把头发的区域选中，填充深灰色，并细化额头处的装饰，利用刮刀、喷枪等工具增加光影和虚实变化，如图 4-12 所示。同时，刻画五官的细节，强调五官各部分的结构。

增加光影和
虚实

图4-12　增加光影和虚实变化

4. 添加背景

添加背景如图 4-13 所示，并把背景图片的图层设置为正片叠底模式，这一模式可以让有背景图片的图层和角色图层产生混合变暗的效果。将背景图片的透明度降低，将角色作为画面重点，绘画者也可以加入自己喜欢的背景或者是渐变色不断叠加画面效果。

添加背景

图4-13　添加背景

5. 提亮脸部及身体

由于加入了背景，角色和背景融合在了一起，绘画者可以用橡皮擦把背景图层中与角色重叠区域的部分擦除掉，用以提亮脸部及身体，如图 4-14 所示。

图4-14　提亮脸部及身体

6. 为角色增添虚实变化

用刮刀工具为角色边缘部分（尤其是头发边缘）制作出颗粒状的虚化效果，最终效果如图 4-15 所示。

图4-15　最终效果

自学自测

一、单选题

1. 画神奇女侠时，首先确定头、肩的比例关系，以及（　　　）。

A．全身比例关系　　　　　　　　B．头、肩、身体的比例关系

C．脸的长度与宽度的比例　　　　D．五官比例关系

2. 画神奇女侠的头发时，按照（　　　）绘画。

A．飘动的趋势　　　　　　　　　B．头发的生长趋势

C．身体的动势　　　　　　　　　D．自上而下的趋势

二、多选题

1. 动漫角色的形体结构与比例关系可以从（　　　）两个方面来划分。

A．写实风格　　　B．漫画风格　　　C．古典风格　　　D．喜剧风格

2. 漫画风格的动漫角色设计是在掌握了现实人物结构的基础上，更有目的性地对角色进行（　　　）处理。

A．放大　　　　　B．夸张　　　　　C．变形　　　　　D．概括

三、简述题

1. 以你最喜欢的一部动画电影为对象，分析其中角色的特点。

2. 你为神奇女侠加入了什么背景，选取该背景的原因是什么？

课后提升

任务 1：观看神奇女侠的绘画视频

认真观看绘画视频，找出绘画过程中的绘画要点。

任务 2：神奇女侠绘画

利用数位板及压感笔画神奇女侠（打印纸稿粘贴在空白处）。

评价反馈

个人自评打分表   神奇女侠绘画互评表   教师评价表

任务二 掌握动漫角色绘画技能

任务描述

认识动漫角色的表情和性格，掌握动漫角色绘画技能。

学习目标

知识目标：了解动漫的概念与动漫角色的表现方法。

能力目标：能够为动漫角色分层上色；能够从个例中找到共性，总结规律、积累经验。

素质目标：熟悉动漫角色的创作思路和绘画流程，培养创造性思维。

任务分解

一、动漫的概念

动漫是动画和漫画的合称，主要通过动画、漫画结合故事情节的形式，以平面二维、三维、动画特效等相关的表现手法，形成特有的视觉艺术创作模式。动漫角色主要是与动画或漫画主题相关的角色，在以人物为主的动漫中，动漫角色可以是主角人物，也可以是配角人物，在拟人化的动漫中，则是与主题相关的一切角色。

动漫角色造型创作是有规律可循的，是在现实生活的基础上进行的再创造，这就要求我们对现实生活中的素材有敏锐的观察能力和思考能力，善于捕捉生活中的闪光点。动漫造型是在写实造型的基础上进行加工而成的，它能给人无限自由创作和遐想的空间，在表现上有多种形式。夸张的人物、动物造型必定有夸张的姿态、夸张的表情，否则在艺术上是不协调的，趣味性也得不到发挥。角色的姿态、表情、服饰等是揭示其内心活动的有效暗示，如果这些细节能符合角色的外貌特征、合理表达角色的内心世界，就会给观者独特的感受。

二、动漫角色的表情

表情是表现一个动漫角色情绪的重要因素，在具体的设计工作中，为动漫角色设计一个代表特定情绪的表情时，可以拿起一面镜子自己表演这种表情作为参考。

为动漫角色塑造表情时，要先确定美术风格，如写实风格或漫画风格，需注意，不论怎样画，都要遵循动漫造型简洁、概括的特点。用写实风格绘画时，可以以速写的绘画方式开始，把握角色的特征，反复精练线条，最后完成清晰、明确的定稿；以漫画风格绘画时，可以在几何图形上进行选择和加工，然后完成定稿。面部表情是动漫角色内心活动和情绪变化的主要来源，面部表情由眼睛、眉毛、嘴巴的变化和面部肌肉的变化构成，这些变化可以传递角色的感情。能够显示表情的细节还有瞳孔、眼皮、嘴唇、牙齿和舌头等。

在设计面部表情时，添加幽默化的效果也是体现动漫角色内在性格的方法。

动漫角色情绪变化时，除了面部的表情能发出信号外，肢体的动作也能发出信号。为每个动漫角色设计造型、表情和肢体动作时，要注意符合角色本身的性格和身份特征。

三、动漫角色的性格

动漫角色的性格是通过挖掘角色的内心、体现角色情感变化的过程来表现的，在表现角色性格时我们需要考虑以下相关方面。

（1）外貌特征

动漫角色的外貌特征是观众最初接触到的部分，可以通过角色的五官、发型、服装、身高、体型等来反映他们的性格特点。譬如，善良、天真、美丽的女主角通常会有长发及明亮柔和的眼睛，而冷酷、狡猾的反派人物则通常有深色的嘴唇和阴暗的眼神等。

（2）行为方式

行为方式是反映动漫角色性格特点的重要标志，例如粗鲁的性格可以体现在大喊大叫、毫不客气地处事等方面，一个活泼、机智、勇敢的角色则会在危急情况下表现得冷静、大胆、果断。

（3）说话方式

动漫角色的说话方式同样是反映性格特点的重要方式，例如，善良的角色通常会使用柔和、安慰性的说话方式，而叛逆的角色则会使用狂妄、好胜的说话方式。

（4）故事背景

动漫角色性格的形成始终与其过去的经历紧密相关。绘画者可以通过表现与动漫角色相关的背景和场景，来显示角色的性格及其成因。

动漫是具有特殊魅力的艺术形式，动漫角色设计的艺术性让动漫本身的艺术性更加凸显出来，动漫角色出色演绎和诠释着故事的趣味性，为蓬勃发展的动漫行业不断注入新的活力。

四、动漫角色的绘画方法

1. 掌握最基本的平衡

画人体的时候，掌握各部位之间的平衡和比例非常重要，画出最接近常识的比例，画作就可以避免出现大失误，动漫角色的绘画也是一样。画角色斜侧面图时，需要注意斜侧面鼻子的高度，如图 4-16 所示。

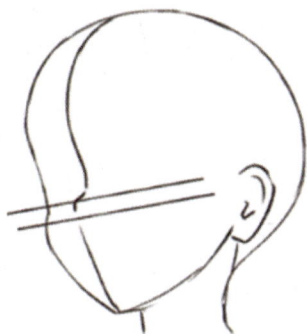

图4-16　斜侧面鼻子的高度

2. 脸部的画法

脸是动漫角色最重要的部分。理解了最基本的脸部平衡，就可以在细节部分的描绘中突出个性，动漫角色的脸遵循一定的比例关系，同时略有夸张，如图 4-17 所示。

图4-17　动漫角色的脸

3. 头发的画法

如同现实中的头发，动漫角色的头发也由许多股组成。比起单独画出每一股头发，更好的方法通常是把头发画成不同大小、形状的发丛。如图 4-18 所示为头发基本的表现形式，在大多情况下，发梢的线条会更弯曲一些，向内弯曲的头发更加具有漫画风格，图 4-18 中右上角的例子尤为明显。

图4-18　头发基本的表现形式

改变每一股头发的大小和形状使其具有不同的特征，就形成了复杂的头发形状，如图 4-19 所示。每一股头发可以是纤细而直长的，也可以是粗而弯曲的。

当你知道该如何画好每一股头发，就可以开始练习将它们组合在一起，形成漫画风格的发丛了，如图 4-20 所示。发丛的线条会遵循某一基本规律，并且相似的形状会贯穿于同一发丛之中。画头发时，可以酌情在发丛上画一条向外弯的曲线作为发丝，让头发更加生动。

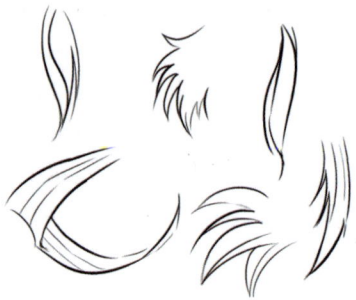

图4-19　复杂的头发形状

图4-20　发丛

4. 手的画法

要想画好手，就要了解手的构造，注意各关节的位置及各部位间的比例。可以以自己的手为参考研究画出立体感的方法。

一般来说，手掌与手指长度的比例为 1 : 1。手的比例如图 4-21 所示，除了大拇指有 2 个关节外，其余手指均有 3 个关节，且越靠近指尖，指骨的长度越短。五指的长度呈现中间高两边低的状态。

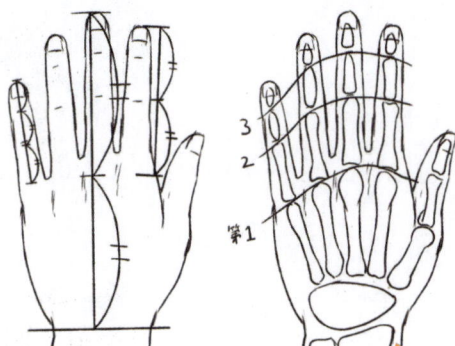

图4-21　手的比例

画侧面或斜侧面的手时，可以将其概括为梯形。表现手指时，可以将其理解为圆柱，是有厚度的，且需注意手指的关节处，都会有一点点向外突出，特别是手指弯曲时。指尖背面是指甲盖，所以显得直硬、平滑，指腹部分的肉向外鼓，稍显丰满。

在画握拳动作的手部时需要注意两点：一是要把握好握拳时手指的弯曲度，二是要把握好整个握拳手部的立体感。不同角度和动作的手如图 4-22 所示。

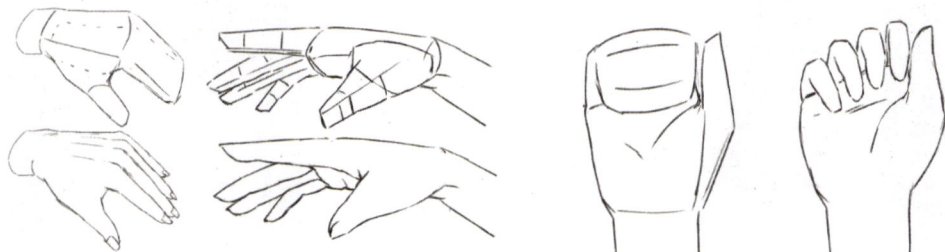

图4-22　不同角度和动作的手

五、课中实训——动漫角色绘画

1. 勾线

找一张动漫角色的参考图，按参考图完成动漫角色草稿，如图 4-23 所示。根据参考图进行细化，也可以根据自己的喜好为角色添加或改变装饰，比如添加或改变角色的头发、背包、鞋子等的装饰。为了方便后面的上色工作，在细化草稿时要尽可能把线条画得准确和肯定。

绘画时线条有粗细、软硬、长短、直曲等区别，这些都可以通过压感笔描绘出来，动漫角色线稿如图 4-24 所示。在画曲线时，如果曲线的方向画不顺手，可以调整数位

勾线

板的角度，或者旋转画布进行绘画。

图4-23　动漫角色草稿

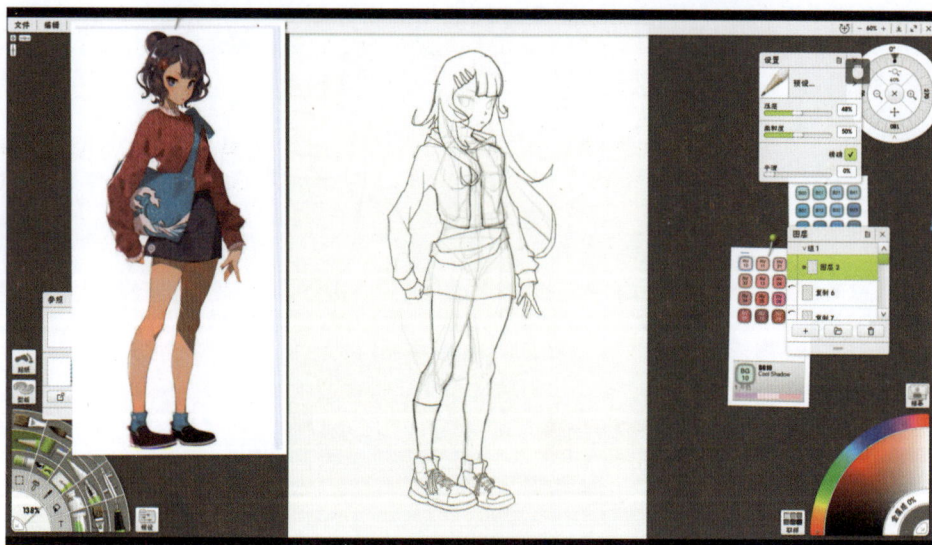

图4-24　动漫角色线稿

2. 填色

　　新建不同的填色图层，分别作为上衣、裙子、腿等上色的图层，用选区工具分别创建选区后为这些部位填色，选择选区时要尽可能精细一点，填色效果如图 4-25 所示。需要注意的是，一定要为图层命名，例如将图层命名为"头发""面部""卫衣""腿部"等，方便绘画者对图层进行管理。

填色

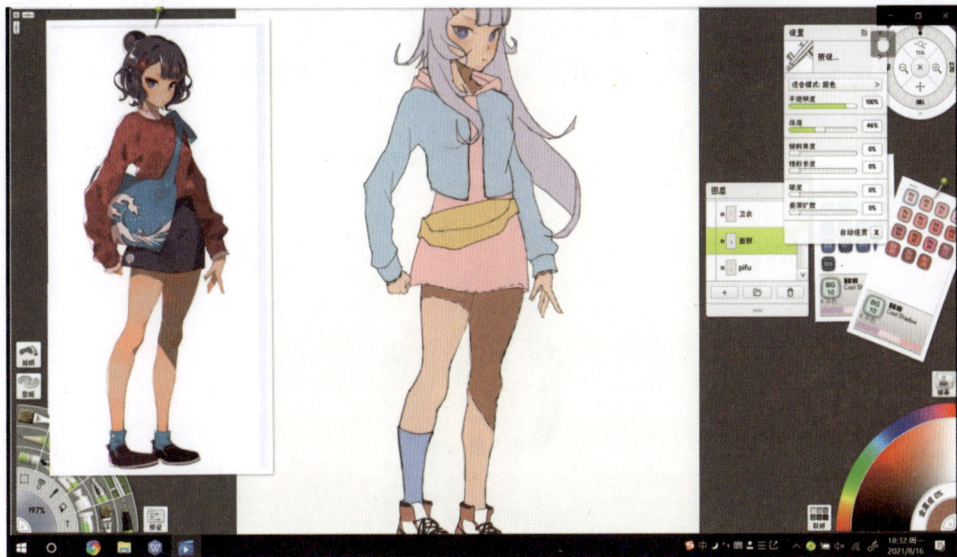

图4-25　填色效果

3. 制造明暗

新建明暗效果图层，根据光影效果增加暗部，大腿由于裙子而产生的暗部要有变化及层次，膝盖由于关节的起伏也会产生明暗的变化，可以分层逐步添加阴影制造明暗效果，如图 4-26 所示。

图4-26　明暗效果

4. 填充图案

为裙子和衣服填充图案。导入花纹素材作为裙子和衣服上的图案，将素材放在衣服和裙子的图层之上，擦除衣服和裙子以外的多余图案。图案的颜色可以通过编辑菜单中的滤镜工具来整体调整。按照这个方法为人物的袜子等其他物品添加图案，图案填充效果如图 4-27 所示。

图4-27　图案填充效果

自学自测

一、单选题

1. 动漫角色上色时要分（　　　）进行，方便管理与修改。

A. 图层　　　　　　B. 参照　　　　　　C. 描摹　　　　　　D. 文件

2. 画动漫角色的头发时，比起单独画出每一股头发，更好的方法通常是把头发画成（　　　）。

A. 发丛　　　　　　B. 发丝　　　　　　C. 每一股头发　　　D. 发线

二、简述题

你为动漫角色的服饰加入了什么图案，选取该图案的原因是什么？

课后提升

任务1：观看动漫角色的绘画视频
认真观看绘画视频，找出绘画过程中的绘画要点。

任务2：动漫角色绘画
利用数位板及压感笔画动漫角色（打印纸稿粘贴在空白处）。

评价反馈

个人自评打分表　　动漫角色绘画互评表　　教师评价表

项目五

场景绘画

任务一 掌握场景绘画的基本知识

任务描述

学习场景空间的建构方法，掌握场景空间的建构元素；学习透视规律，识别透视常用术语；掌握一点透视的原理，能绘制一点透视的场景。

学习目标

知识目标：1. 了解场景绘画的基本概念与发展，了解场景绘画的形式美法则；

2. 了解场景在动画设计中的应用；

3. 了解一点透视的形成、特点和透视规律。

能力目标：1. 能够分析场景中的审美元素；

2. 掌握一点透视的作图方法，并且可以熟练运用一点透视画室内外的场景图。

素质目标：培养对场景的审美感知。

任务分解

一、动画中场景绘画的发展

被誉为世界第一部真正的动画片的《一张滑稽面孔的幽默姿态》，由布莱克顿创作于 1906 年。在这部动画片中，布莱克顿用白色的粉笔在黑板上勾画角色，并让静态的角色动了起来。黑板即被视为这部动画片中的 "场景"，这也是动画场景的第一次出现，如图 5-1 所示。

图5-1　《一张滑稽面孔的幽默姿态》中的场景

1914 年，另一部有划时代意义的动画片《恐龙葛蒂》诞生了，它是温瑟·麦凯的作品。该片中的场景仍是以黑色的单线为主，并且还未使用分层绘画的方法，因此会看到场景画面还不够稳定，《恐龙葛蒂》中的场景如图 5-2 所示。

图5-2　《恐龙葛蒂》中的场景

1919 年，动画片《猫的闹剧》诞生，该片中的猫是米老鼠和唐老鸭之前美国叱咤风云的动画明星。《猫的闹剧》中的场景是以墨水笔绘成的，如图 5-3 所示，较之前的单线绘画无疑更具层次效果。

1928 年，世界上第一部有声动画《蒸汽船威利》首映，此片也标志着米老鼠这一经典形象的诞生。该片一经上映便大获成功，为迪士尼王国的繁荣奠定了扎实的基础。

《蒸汽船威利》中的场景如图 5-4 所示，该片中的场景增加了素描绘画的方法，层次更加丰富，但此时仍处于黑白动画片的时代。

图5-3　《猫的闹剧》中的场景

图5-4　《蒸汽船威利》中的场景

诞生于 1932 年的《花与树》获得了历史上第一个奥斯卡最佳动画短片奖，该片也被公认为历史上第一部彩色动画片。该片中的场景是彩色的，此时的场景多使用水彩、水粉的技法，绘画过程中更追求色彩与空间的层次表现，以保证角色的主体地位，《花与树》中的场景如图 5-5 所示。

图5-5 《花与树》中的场景

　　无论是动物还是人物都是角色，而角色在画面中所发生的一切动作都需要一个支点，这个支点就是场景，所以，画完角色或者主体物之后，绘画者要思考如何制造一个合适的周围环境。

　　要把美的场景画出来，绘画者首先得建立场景审美的认知体系，能准确画出场景中各种景物的造型、色彩、材质、光影，充分地表达绘画者的内心感受。

二、场景中的审美元素

　　可以从自然风景与建筑场景两个方面来分析如何提取场景中的审美元素，为场景绘画创作提供素材。

场景中的审美元素

1. 自然风景

　　自然风景是场景绘画的重要灵感来源之一，大自然中的山川、树木、花草、动物等都可以为创作提供灵感和参考。在场景绘画中，一般会涉及以下自然景观的绘画。

　　（1）天空自然景观，包括云朵、云雾、闪电、日月星辰等。例如，黄山瑰丽壮观的云海神秘莫测，如图 5-6 所示，就可以作为绘画时的参考。

图5-6 黄山瑰丽壮观的云海

（2）陆地自然景观，包括山川、田野、沙漠、戈壁、森林等，如珠穆朗玛峰，如图 5-7 所示。

图5-7 珠穆朗玛峰

（3）水景，包括海洋、河流、瀑布、溪泉等。

2. 建筑场景

建筑是凝固的音乐，是人类文明的记录。建筑具有历史性与地域性的特点，它不仅仅是时代、智慧和财富的标志，也是对艺术、手工艺和技术的展示，不同地区不同民族的建筑的特点截然不同，如我国北方的四合院与南方的干栏式建筑就有着非常大的差异。

欧洲文明的发源地古希腊的建筑柱式对后世建筑产生了巨大影响，并逐渐形成了较为固定的比例和形象，所以我们看到的欧洲建筑都有古希腊柱式的身影。随后的拜占庭建筑都有东方风情的圆顶，并在墙面上连续开窗；而在建筑内部，拜占庭风格的建筑以大面积、色彩饱满、画面精巧的马赛克镶嵌画为特点而闻名于世。尖拱券、拱肋、飞扶壁和大量的玻璃彩窗是 12 世纪中后期哥特建筑的构成要素，这一时期的建筑高耸瘦削的垂直线条被着重强调，建筑形式富有强烈的情感和神秘感。到了 14 世纪，文艺复兴运动宣扬理性和人性，这个时期的建筑也是这种思想的最佳反映，它们简洁严谨，讲求秩序和比例，考虑人体的比例，并大量地运用古典柱式作为建筑的设计要素。17 世纪的西西里巴洛克建筑是在意大利西西里岛大地震之后，在重建城市的过程中逐渐形成的以曲线代替直线、以不完整构图代替完整构图的自由多变、不拘一格的风格的建筑。18 世纪，由于厌倦了巴洛克和洛可可烦琐的装饰风格，追求简洁造型的新古典主义风格流行起来。西方的典型建筑如图 5-8 所示。

建筑的变化体现了人们的审美迭代，现代和未来的建筑则大多具有极简的几何形式，拥有开放的设计理念和科学原理。

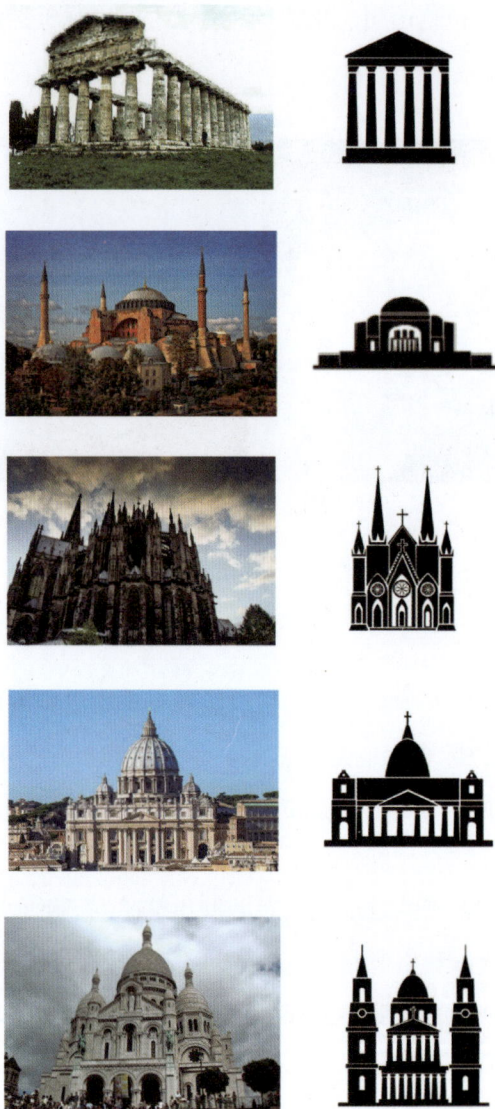

图5-8　西方的典型建筑

虽然审美有迭代、有变化，但是绘画者还是可以从场景中抽取一些不变的规律和审美元素用于场景绘画。

三、场景绘画的构图

场景绘画的构图方法分为几何中心法、黄金分割法和三分法。

几何中心法构图如图 5-9 所示，以规则的长方形画面为例，画面的几何中心就是画面对角线的交叉点，处于交叉点位置的主体会给人稳定、严肃、庄重的感觉。通常在一个相对独立封闭的画面中，几何中心的构图会使视线集中。

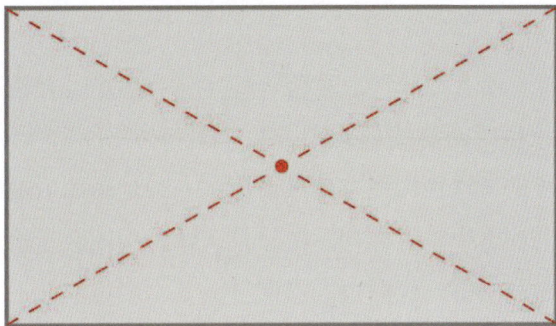

图5-9　几何中心法构图

黄金分割比例是一个无理数，在绘画中是指将整体一分为二，较大部分与整体部分的比值等于较小部分与较大部分的比值，其比值约为 0.618。黄金分割法构图如图 5-10 所示。

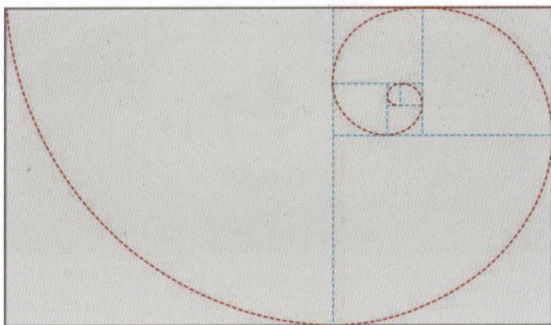

图5-10　黄金分割法构图

三分法构图是黄金分割法构图的一种衍生，是指把画面横向和竖向都平分为 3 份，主体位于三分线交叉点上的一种构图方式，如图 5-11 所示。

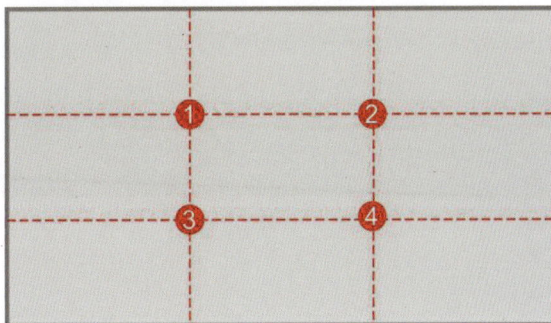

图5-11　三分法构图

四、场景绘画中的形式美法则

场景绘画中的形式美法则指对称与均衡、对比、节奏。

● 1. 对称与均衡

对称式构图在视觉上给人以庄严、肃穆、稳定、有秩序、神圣等感觉。许多建筑、雕塑、绘画等作品都采用了对称式的构图方法，图5-12所示的福建土楼是圆形对称，给人以封闭、安全的感觉。这种构图有两种情况，一种是画面中轴线两边的景物完全相同、完全对称，如故宫就是中轴对称构图的建筑，这种构图会带给人庄严、公正、大气的心理感受；另一种是画面中轴线两边同形同量、基本对称但并不完全对称，例如，埃及金字塔尽管大小不对称，但是在构图上十分均衡，给人以稳固、坚硬的感觉，如图5-13所示。

图5-12　福建土楼

图5-13　埃及金字塔

● 2. 对比

形状上的大小、粗细，色彩上的明暗、冷暖，物体的疏密等都是对比，都可以使人感受到画面里哪些是重要的、哪些是作者最想表达的。国画家高剑父的画作《渔港雨色》就是疏密对比画面的代表，如图5-14所示。船只上的线条与色彩形成了密，大面积的背景中表现的白茫茫的水和雾形成了疏，以点、线为密，以面为疏，从而产生了有节奏的艺术效果。

图5-14 《渔港雨色》

3. 节奏

节奏好比一首歌，有高音有低音，有重复有高潮，只有这样才能形成跌宕起伏的优美旋律。

当绘画者用形式美法则把绘画元素有节奏地排列在画面中时，这些元素会形成指向性的内在趋势。如图 5-15 所示的画面中的节奏，梯田呈现 S 形趋势，沙漠形成了连绵不绝的气势，古城的河岸、建筑布局形成了具有韵律感与节奏感的线。

图5-15 画面中的节奏

五、透视的基础知识

分析场景画面的内在趋势我们会发现它们都遵循了一个规律，那就是场景中的线条都向一个指定的方向走，最后消失到一个点上。人们在生活中会有这样的经验，由于所处位置和远近的不同，对同一事物在视觉上会有不同的感受，这就是透视。

透视的概念

1. 透视的概念

透视的英文 "perspective" 的含义为视角、观点、透视画法、透视关系等，这一单词最早是从拉丁文演变而来，原意为 "看透"。

透视是一种理性的观察方法和用于表示研究视觉画面空间的专业术语。绘画是一种以平面画布为载体，通过人的视觉观察和艺术表现来反映一定空间内容的艺术。因此，对于空间的认识与研究对绘画而言具有重要意义。

在绘画中表现物体通常会用到几种方法，第一种是表现物体的明暗，即把物体的光影画出来；第二种是将物体的色彩加以区分；第三种是用颜料叠压的方式表现物体的前后关系。这几种方法其实早在文艺复兴时期，达·芬奇（见图 5-16）就已经提出来了。达·芬奇将透视归纳为 3 种：大气透视（又称色彩透视），是指物体由于受大气的阻隔形成色彩冷暖变化的透视现象；消逝透视，是指物体由于距离的增加而产生明暗对比和清晰度减弱的透视现象；线透视，是指在一定的空间范围内向远处延伸的平行线，会随着距离的推远越聚越拢，并最终集于一点的透视现象。

图5-16 达·芬奇

● ── **2. 透视的发展** ──

透视不是现在才被提出来的，它是伴随着绘画、雕塑、建筑等各类设计发展起来的。中西方有不同的透视学体系。

（1）西方绘画中的透视

在文艺复兴之前，西方绘画的画面空间感薄弱，物体体积近乎于无，如图 5-17 所示的西班牙阿尔塔米拉洞穴野牛壁画（局部）、图 5-18 所示的埃及壁画女哀悼者（局部）均能体现这一特征。到中世纪时，虽然古罗马人和中世纪画家经过了不断探索，对画面空间的描绘有些许进步，但还未形成系统的认识。

图5-17　西班牙阿尔塔米拉洞穴野牛壁画（局部）

图5-18　埃及壁画女哀悼者（局部）

14—16世纪，西方绘画的画面开始生动起来。画家们同时扮演着科学家的角色，自发地在现实中探索着透视技法，其中以乔托、马萨乔为代表。马萨乔作于佛罗伦萨卡尔米内教堂的壁画《纳税银》中，应用了严谨而准确的透视来表现建筑物的空间感，如图5-19所示。

图5-19　马萨乔《纳税银》

扬·凡·艾克肖像画作品的代表《阿尔诺芬尼夫妇像》的用色十分细腻，如图5-20所示，画中的主人翁是阿尔诺芬尼和他的新婚妻子，阿尔诺芬尼举着右手，似在宣誓，他的妻子则虔诚地微低着头，伸出右手表示永做丈夫的忠实伴侣。一个尤其值得注意的细节是，背景中央的墙壁上有一面凸镜，在镜子中，不仅看得见这对新婚者的背影，还能看见站在他们对面的画家本人，这种表现手法对后世的绘画风格产生了深远影响。

图5-20　扬·凡·艾克《阿尔诺芬尼夫妇像》

达·芬奇的大气透视原理和规律，奠定了早期透视学坚实的基础，形成了很好的开端。并且，他也将这一理论应用于他著名的绘画作品《最后的晚餐》中，整个房间的透视堪称是早期透视法则最典型的应用。

目前所使用的各种透视技法是在17—18世纪这100多年间完善起来的，这个时期的画家在艺术作品里对透视的应用和表现也更加自由娴熟。代表作品有洛兰的《阿斯卡尼乌斯射杀西尔维亚雄鹿的风景》等，如图5-21所示。

图5-21 洛兰《阿斯卡尼乌斯射杀西尔维亚雄鹿的风景》

18世纪，在烦琐华丽的洛可可风格盛行的时代中，在画面中运用透视法的代表作品颇多，其中有委拉斯开兹的《宫娥》、普桑的《抢劫萨宾妇女》等，如图5-22、图5-23所示。

图5-22 委拉斯开兹《宫娥》

图5-23 普桑《抢劫萨宾妇女》

19世纪至20世纪，透视学被广泛运用于绘画艺术和品种繁多的设计领域中，透视学的发展达到了顶峰。由于受现代绘画创新思潮的影响，画家们力求打破传统绘画形成的历史格局，对现实透视的刻画转向了对画家主观心理空间的表现。这一时期的作品常常是对传统透视的颠覆，画面视觉冲击力大、物象变形，这一时期的绘画向多元化发展，各种新的画派涌现，史无前例地丰富着艺术史。到现在，艺术创作中画家主观意识的介入及意象化的空间表现等，完全颠覆了传统透视固有的程式，出现了重叠透视、无透视、变形透视、幻觉透视等，形成了主观建构的空间，推动并丰富了绘画的表现，使绘画在内容和形式上都得到了前所未有的拓展和创新。

（2）中国绘画中的透视

关于中国绘画透视原理最早的记载文献是公元前400年左右战国时期的《墨经》，文中阐述了墨子和他的学生做的世界上第一个小孔成像观察实验，其示意图如图5-24所示。

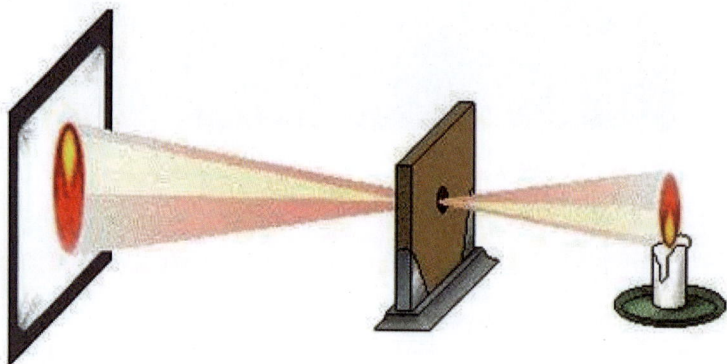

图5-24 小孔成像观察实验示意图

东晋顾恺之在《画云台山记》中写到："山有面则背向有影"，阐述了光影的规律。

南宋山水画家宗炳在《画山水序》中谈到："今张绢素以远映，则昆阆之形，可围于方寸之内。竖划三寸，当千仞之高，横墨数尺，体百里之迥"，意思是将一块透明的绢素作为取景框对着远山，画面上的寸许长度就相当于实际的千百里。

宋代郭熙是杰出的画家、绘画理论家，字淳夫，河阳温县（今河南温县）人。其传世作品有《早春图》，如图5-25所示。他在《林泉高致》中叙述道："山有三远，自山下而仰山巅谓之高远，自山前而窥山后谓之深远，自近山而望远山谓之平远。高远之色清明，深远之色重晦，平远之色有明有晦。""三远"归纳了景物与视点的视觉关系，对作画取景角度、方位、构图效果、远近不同的透视变化均作了概括论述。三远的代表作品分别如图5-26、图5-27、图5-28所示。

图5-25 郭熙 《早春图》

图5-26 "高远"代表作
范宽 《溪山行旅图》

图5-27 "深远"代表作
黄公望 《九峰雪霁图》

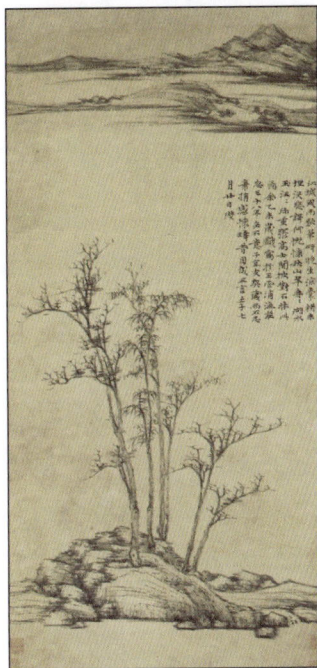

图5-28 "平远"代表作
倪瓒 《渔庄秋霁图》

北宋韩拙在《山水纯全集》中补充到："有近岸广水、旷阔遥山者，谓之阔远；有烟雾溟漠，野水隔而仿佛不见者，谓之迷远；景物至绝而微茫缥缈者，谓之幽远。"这些"远法"被共称为"六远"，成为中国画最基本的透视方法，推动了中国画的发展。

另外，中国画在创作上重视构思，讲求"意在笔先"和形象思维，注重艺术形象的主客观统一；在造型上不拘于表面的肖似，讲求"妙在似与不似之间"和"不似之似"，在透视上将焦点透视与散点透视结合。

中国人的哲学讲求"天人合一"，这在中国画中得到了较好的体现。西方绘画则着重于焦点透视，比较客观科学地体现了物体的外观。

3. 透视的基本规律

（1）近大远小、近高远低

现实生活中相同大小、高低、长短的物体，距离观者近的看起来大、高、长；距离观者远的看起来小、低、短。

（2）近者清晰远者模糊

透视的基本规律

现实生活中，由于相同的物体远近不同和受到空气、雨雾等自然条件阻隔影响的不同，会产生近处物体清晰、远处物体模糊的透视现象。另外，远距离和小视角的物体进入视网膜的图像小，受刺激的视觉细胞少，物体看起来模糊不清。绘画者在写生或创作作品时利用这点，可以画出有远近空间感的视觉效果的画面。

（3）人的生理和心理反应形成视觉空间感

现实生活中，眼睛与物体之间的透明媒介越厚，则此物体的颜色越是容易变化，如风景画中远景的物体偏蓝紫。另外根据色彩心理特点，暖色给人的感觉朝前，冷色给人的感觉朝后；明暗、色彩的各种对比也会产生扩张与收缩感，会产生不同的空间感。在绘画时，线条粗、实、黑有朝前的感觉，而细、虚、灰有后退的感觉。

4. 透视相关术语

透视中常用的术语如下，透视概念图示如图 5-29 所示。

画面：眼睛与被画物体之间的平面。

视点：绘画者眼睛的位置，也被称作站点。

视距：眼睛与画面之间的距离。

视高：眼睛的高度。

视线：视点与物体边缘的连线。

视域：视点所见的范围，亦称视野、视圈。正常视域两边与视点连线形成的夹角为 60°，超出这个角度物象就会变形。

视平线：在画面上与视点等高的一条水平线。

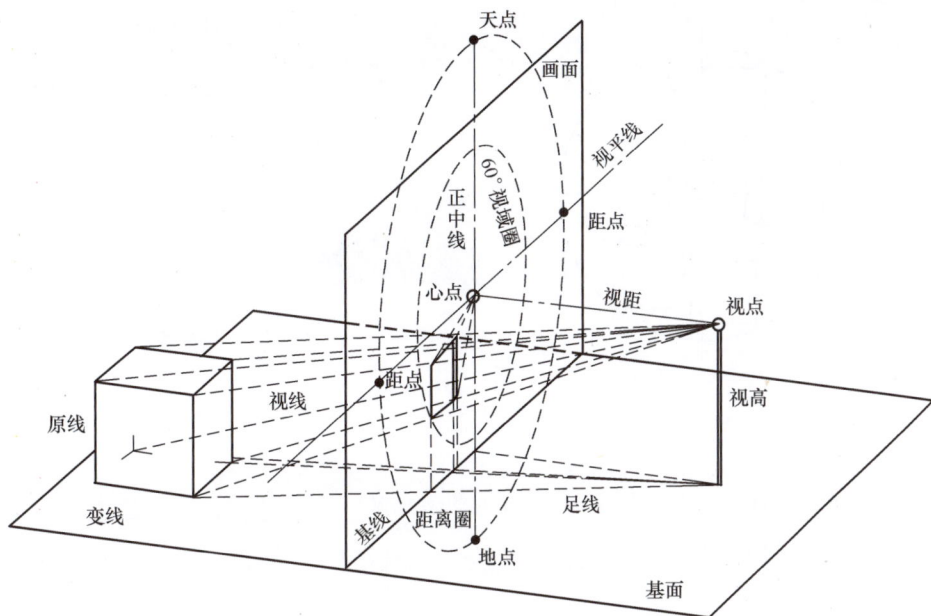

图5-29 透视概念图示

基面：物体与画面放置的平面（地面）。

基线：基面与画面的交界线。

原线：这类线段都与画面平行，无纵深角度的变化，只有近长远短、近粗远细的不同。

变线：此类线段都与画面有纵深角度，不平行于画面。

消失点：即灭点，它是指与画面不平行的线，最终都会汇集到的点。例如平行的铁轨向远处延伸，最终会消失到一个点上，此点即为消失点，且消失点都是在视平线之上的。消失点在透视绘画中起着至关重要的作用，消失点的数量并不是固定的，这与观察的角度、绘画的对象都有关系，它可以是一个，也可以是多个。

5. 透视的常见类型

（1）一点透视

一点透视也称平行透视，是所有的透视方法中最简单的一种。以立方体为例，一点透视画面中，立方体的主要面是平行于观察者的，而其他的面则与观察者呈90°。主要面是没有透视变形的，而垂直于观察者的面则会向远处延伸至一个点，此点即为消失点，这种透视方法叫作一点透视。一点透视如图 5-30 所示。

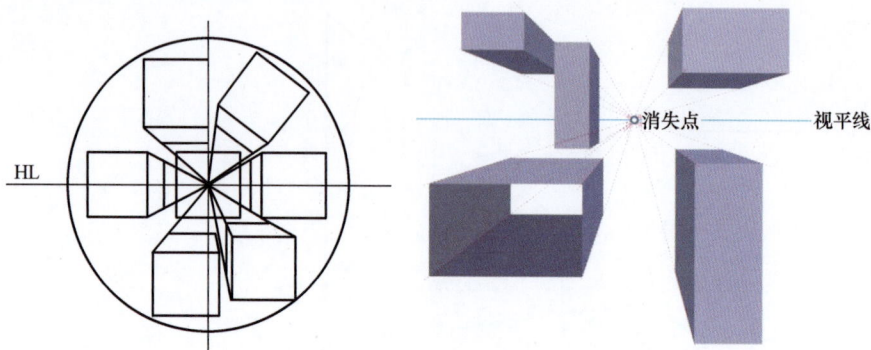

图5-30　一点透视

（2）两点透视

在场景的绘画中，两点透视的使用频率是极高的。两点透视，即画面中有两个消失点，观察者处在景物与消失点形成的夹角位置，因此两点透视也被称作"成角透视"。两点透视如图 5-31 所示。

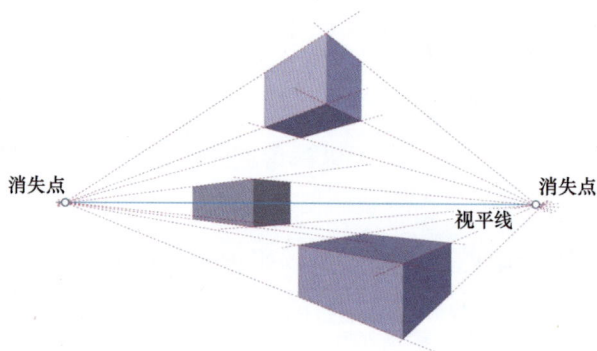

图5-31　两点透视

六、课中实训——室内一点透视场景绘画

1. 确定画面边框与消失点

先画出画面的边框，也就是参考图的 4 个边缘线。找到人站在什么地方看，在这幅图中，观察者恰好站在房间的中间位置来观察室内景物。另外需要观察视平线的位置，在这幅图中是水平中线的位置，所以在画面中，垂直中线与水平中线的交叉点就是视点，这一点也是消失点，画面边框与消失点如图 5-32 所示。接下来找出推拉门的位置，它在离人最远的地方，根据近大远小的规律，要画得小一些。

室内一点透视
场景绘画

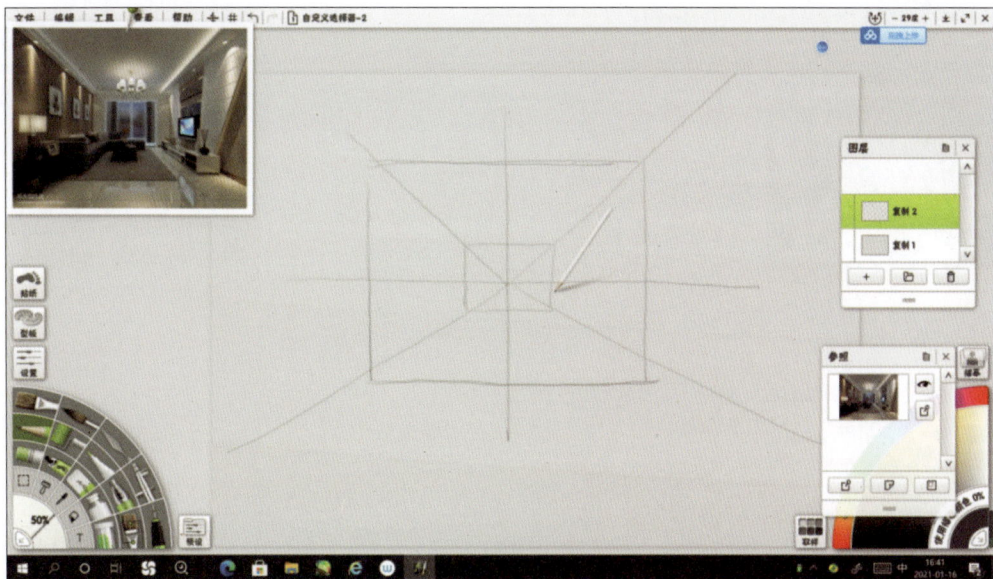

图5-32　画面边框与消失点

2. 确定原线与变线

找到了消失点，接下来确定墙、沙发、台灯、电视柜等室内物体的位置，并向消失点作连线，这些线就是我们所说的变线，如图 5-33 所示。

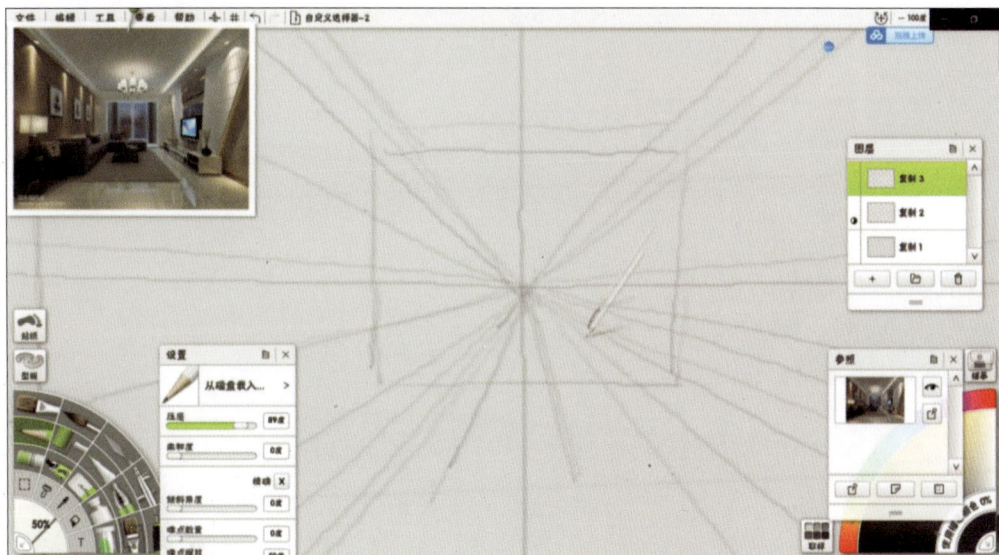

图5-33　变线

变线可作为画室内物体的参照。新建一个图层画室内物体的线稿，沙发等物体垂直于地面，可以直接画出没有透视变形的原线，并画出室内物体的大致轮廓，草稿如图 5-34 所示。

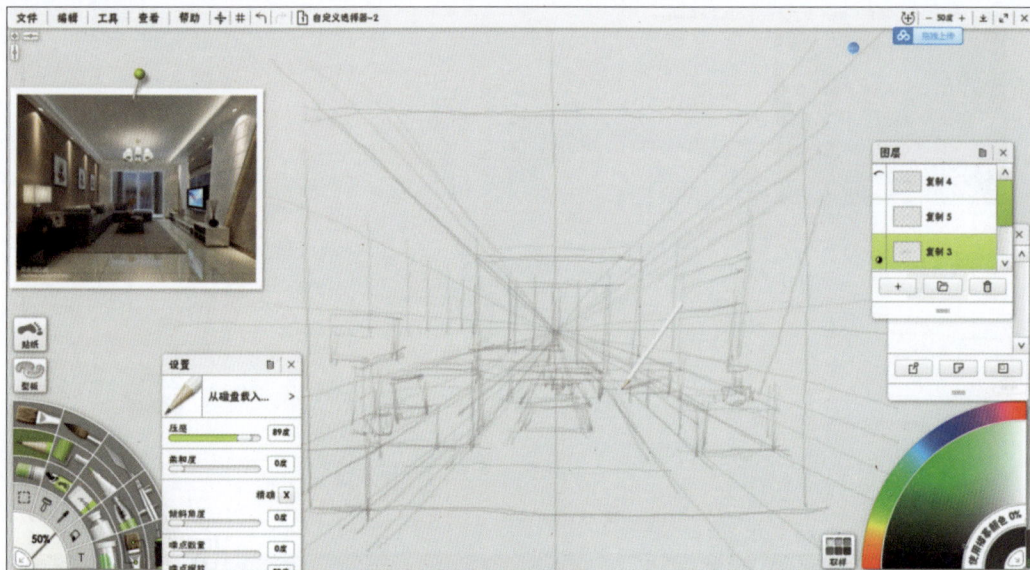

图5-34　草稿

3. 画正式线稿

新建一个图层，开始画正式线稿。画直线时可以按住键盘上或者数位板上的"Shift"键，这样画出的线条就都是直线。根据辅助线把室内各个物体的外轮廓描绘出来，局部的曲线需要仔细刻画，正式线稿如图5-35所示。

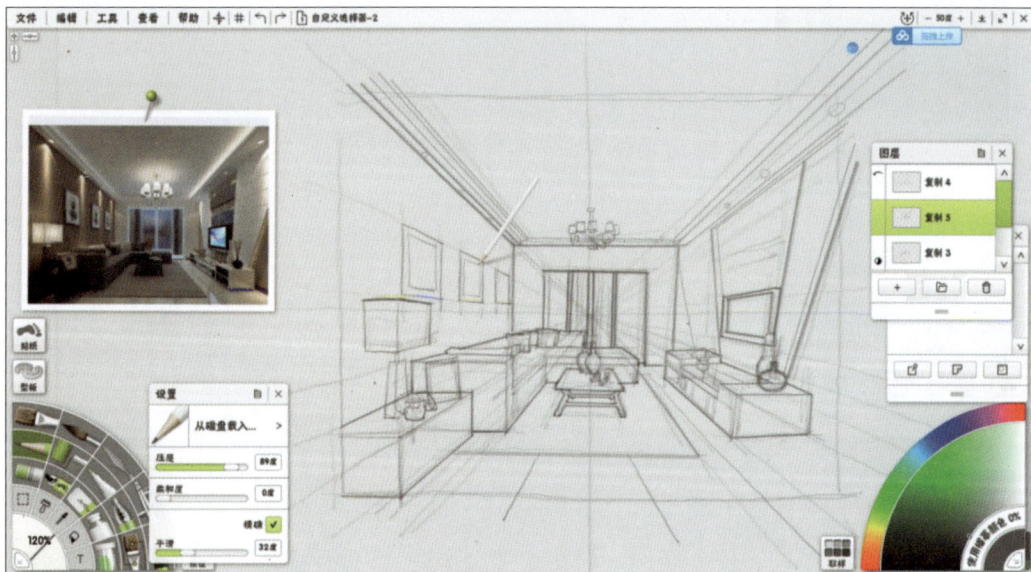

图5-35　正式线稿

七、课中实训——室外一点透视场景绘画

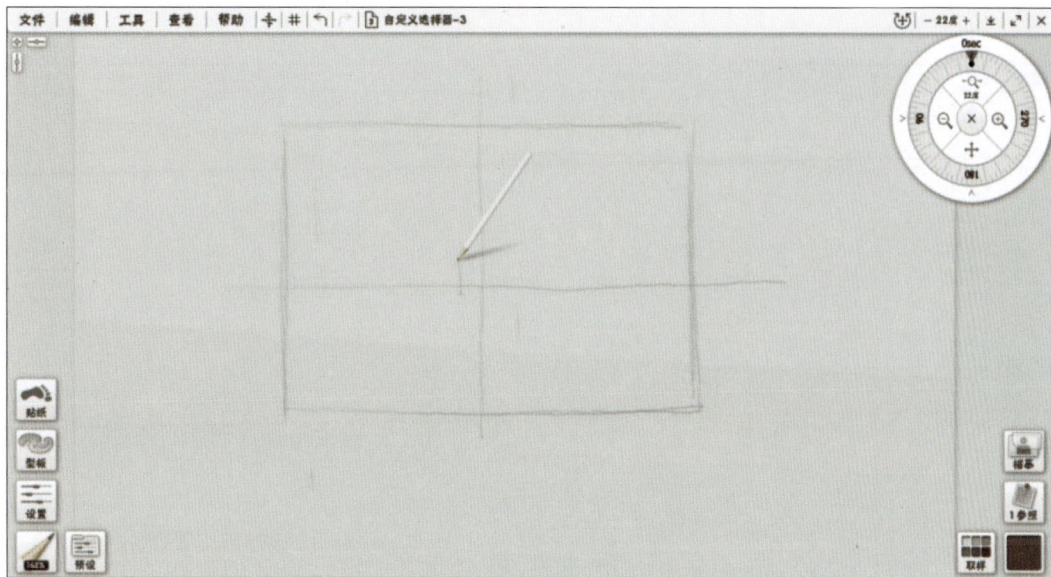

1. 确定画面边框与消失点

室外一点透视场景的绘画方法和室内是一样的，还是先确定画面边框，按照透视规律找到画面的消失点。室外一点透视场景往往看不到建筑的全貌，只能看到建筑的两个面。

室外一点透视
场景绘画

首先画出画面的边框，这相当于取景框，然后找出视平线与消失点，画面边框与消失点如图5-36所示。需要注意，视平线靠下，则画面上部分占比较大，需要仔细刻画上半部分；视平线靠上，则地面的区域占比较大，需要对画面下半部分细致刻画。

图5-36 画面边框与消失点

2. 确定变线与原线

变线向消失点聚集，所以确定物体所在位置的点后，将点与消失点相连，就得到了变线，如图5-37所示。室外景物的原线，即平行于画面的线，不发生方向的变化。需要注意的是，原线要遵循近高远低的规律，原线的间距要遵循近大远小的规律。确定完原线后，即可画草图，如图5-38所示。

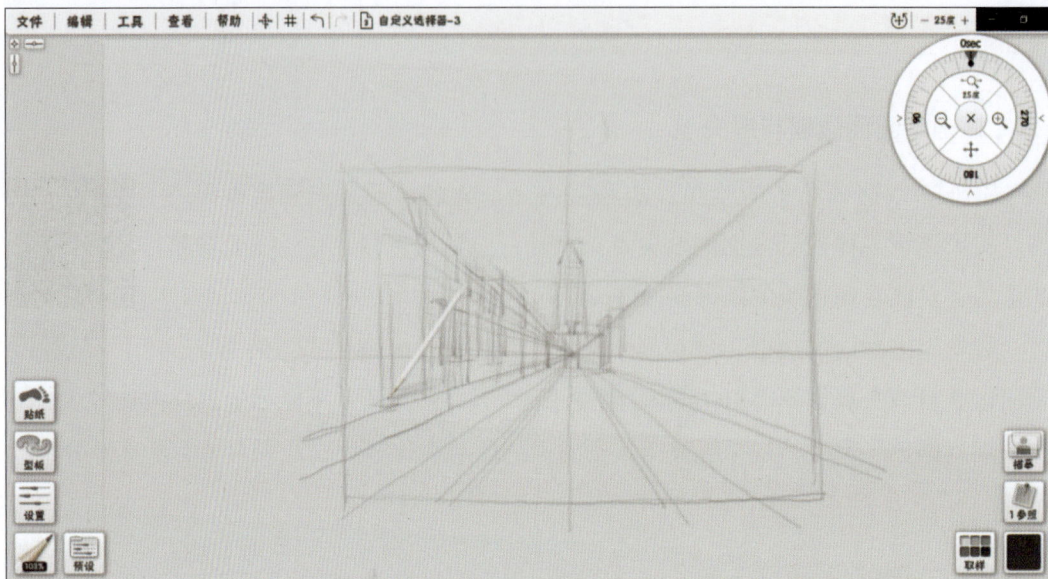

图5-37　变线

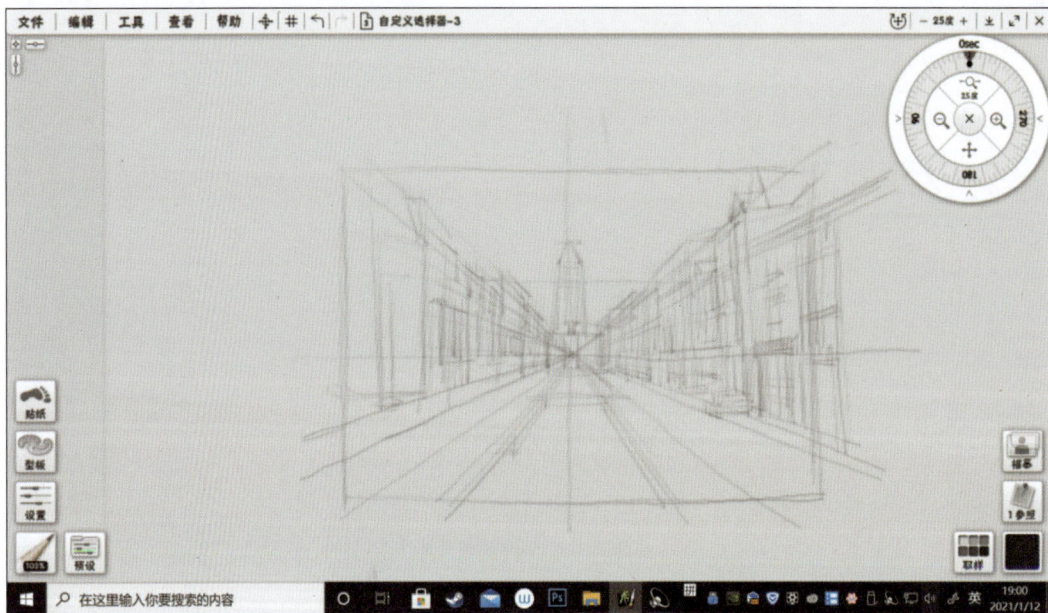

图5-38　草图

3. 画正式线稿

　　草图画完后，接下来画正式线稿，如图 5-39 所示。调整画笔及压感，新建一个图层，根据辅助线条和草图把建筑的外轮廓描绘出来。注意线条也要有虚实变化，建筑结构转折的地方用粗实线，窗户部分用细实线。

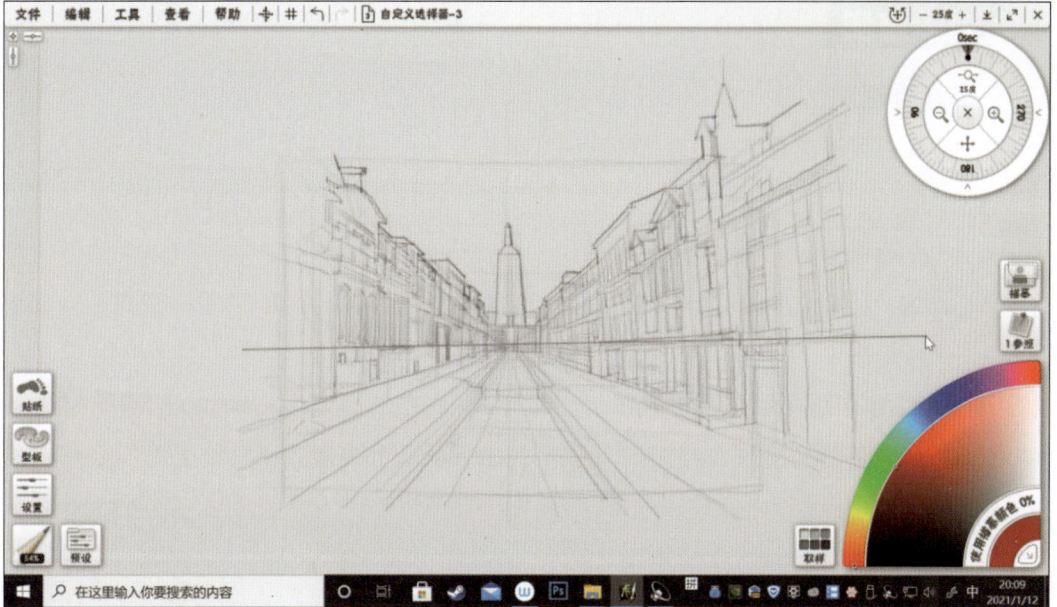

图5-39　正式线稿

自学自测

一、单选题

1. 通常一点透视有（   ）消失点。

A. 1个   B. 2个   C. 3个   D. 多个

2. 一点透视中，变线最终的方向是（   ）。

A. 消失点   B. 画面中点   C. 画面外   D. 视点

3. 视高是指（   ）。

A. 眼睛与透明画面之间的距离   B. 眼睛的高度

C. 被画物体的高度   D. 画面的高度

4. 视平线是指（   ）。

A. 视点与物体各转折点的连线

B. 基面与画面的交界线

C. 在画面上与视点等高的一条水平线

D. 当平视时，看到在远方天空与地面的交线

5. 消失点在透视图的绘画中起着至关重要的作用，消失点的数量是（   ）。

A. 1个   B. 2个

C. 3个   D. 不固定

二、多选题

1. 透视的基本规律是（   ）。

A. 近大远小

B. 近高远低

C. 近者清晰远者模糊

D. 人的生理和心理反应形成视觉空间感

2. 原线是指（   ）的线。

A. 与画面平行   B. 无纵深角度的变化

C. 只有近长远短、近粗远细的不同   D. 与画面有纵深角度

3. 变线是指（   ）的线。

A. 与画面有纵深角度

B. 不平行于画面

C. 与画面平行

D. 其形态保持原状

4．场景绘画的形式美法则有（　　）。

A．对称与均衡　　　　　　　　B．对比

C．节奏　　　　　　　　　　　D．情绪

三、名词解释

1．解释什么是"大气透视"。

2．解释什么是"透视"。

四、简述题

以你最喜欢的动画电影为例，分析其场景设计。

课后提升

任务 1：观看室内一点透视场景绘画的视频

认真观看室内一点透视场景绘画视频，找出绘画过程中的绘画要点。

任务 2：室内一点透视场景线稿绘画

利用数位板及压感笔画室内一点透视场景的线稿（打印纸稿粘贴在空白处）。

任务 3：观看室外一点透视场景绘画的视频

认真观看室外一点透视场景绘画视频，找出绘画过程中的绘画要点。

任务 4：室外一点透视场景线稿绘画

利用数位板及压感笔画室外一点透视场景的线稿（打印纸稿粘贴在空白处）。

评价反馈

个人自评打分表

一点透视绘画
互评表

教师评价表

任务二　掌握两点透视场景绘画技能

任务描述

学习两点透视画面的绘画。

学习目标

知识目标：了解两点透视的形成、特点和透视规律。

能力目标：能够熟练运用两点透视画室内外的场景。

素质目标：培养对场景的审美感知。

任务分解

两点透视具有两个消失点，也被称为成角透视。以立方体为例，两点透视的特点体现在物体有一组线与画面平行，另外两组线与画面形成一定的角度，且有两个消失点。相对于一点透视，两点透视更容易呈现出自由、活泼的画面效果，也能更加真实地反映空间，形成更加突出的体积感。

两点透视一般用于建筑物的绘画，比如高楼、围墙、房屋等规模比较大而且较为规整的场景，这些场景用两点透视画出来会显得很有气势。

一、课中实训——室内两点透视场景绘画

1. 确定画面边框与视平线

首先确定画面边框与视平线，视平线一般在画面中间的位置。接下来找观察者所在的位置，也就是视点的位置。从参考图来看，人站在房间靠窗的位置，通过站点画一条垂线，和视平线形成十字，十字的交点就是其中一个消失点。通常情况下两个消失点都会在画面外，这幅图比较特殊，有一个消失点在画面内，所以，靠窗的那面墙透视变形得特别厉害。画好的画面边框与视平线如图 5-40 所示。

室内两点透视
场景绘画

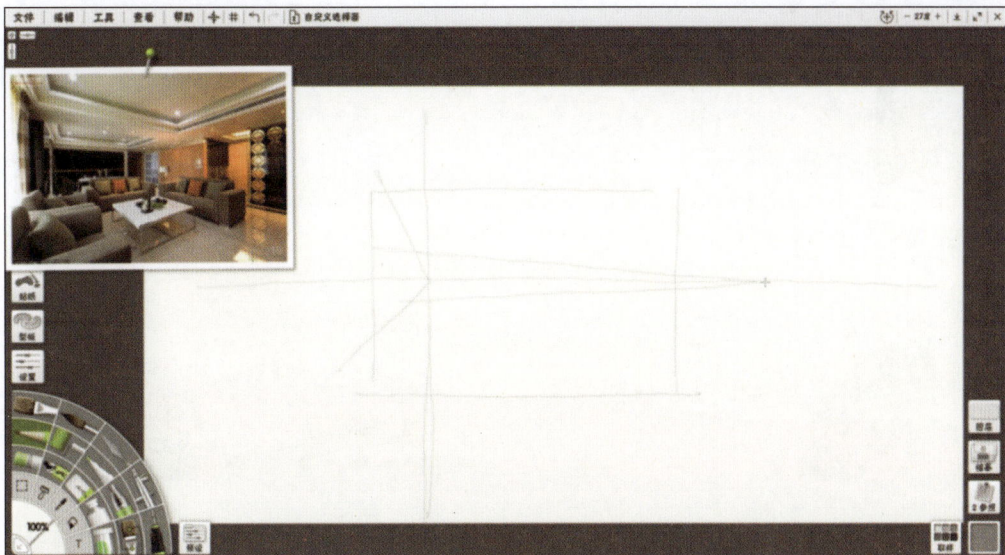

图5-40　画面边框与视平线

2. 确定变线

　　接下来要确定变线，如图 5-41 所示，根据变线作出物体的辅助线，把室内空间搭建出来。

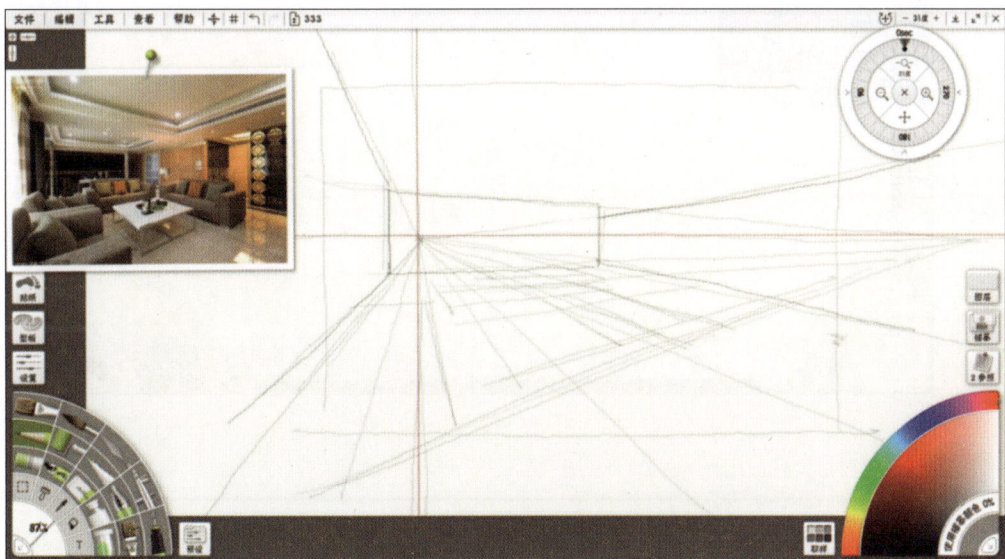

图5-41　变线

3. 调整画面并画出正式线稿

　　调整画面大小，找出物体的辅助线，如图 5-42 所示，这些辅助线可以确定物体所在的位置。

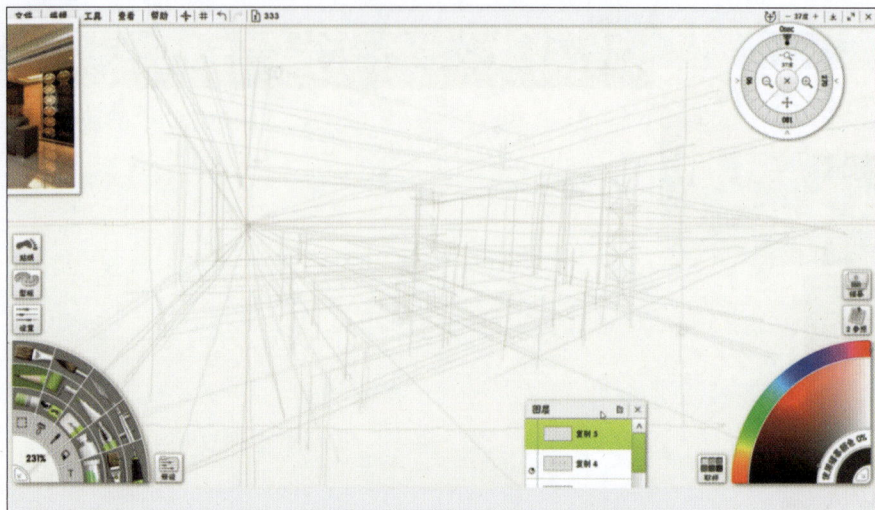

图5-42　辅助线

把辅助线所在图层的透明度降低，新建一个图层用于画正式线稿。因为所有物体的位置、大小已经根据辅助线进行了定位，所以物体的细节就可以根据定位勾勒出来了，正式线稿如图 5-43 所示。

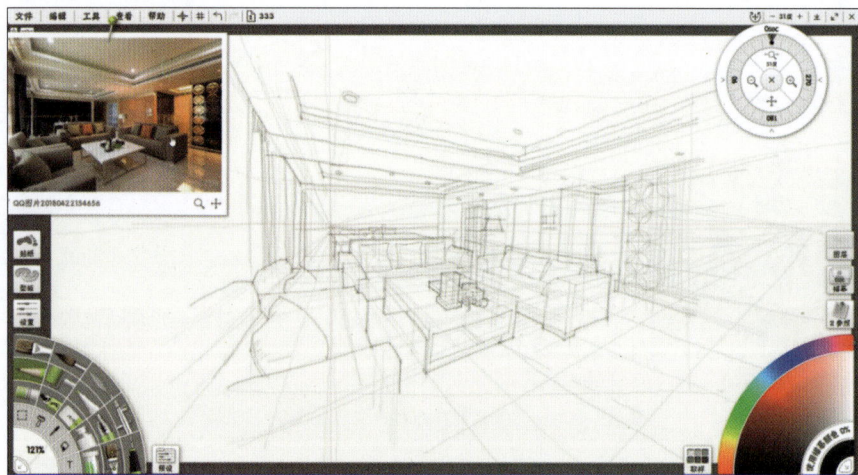

图5-43　正式线稿

二、课中实训——室外两点透视场景绘画

1. 确定画面边框与消失点

　　首先确定画面边框，接下来分析画面的视平线及人所在的位置。接着确定建筑的位置，利用建筑上的直线画出变线，这些变线会相交于两点，即消失点 1 和消失点 2。画面边框与消失点如图 5-44 所示。

室外两点透视
场景绘画

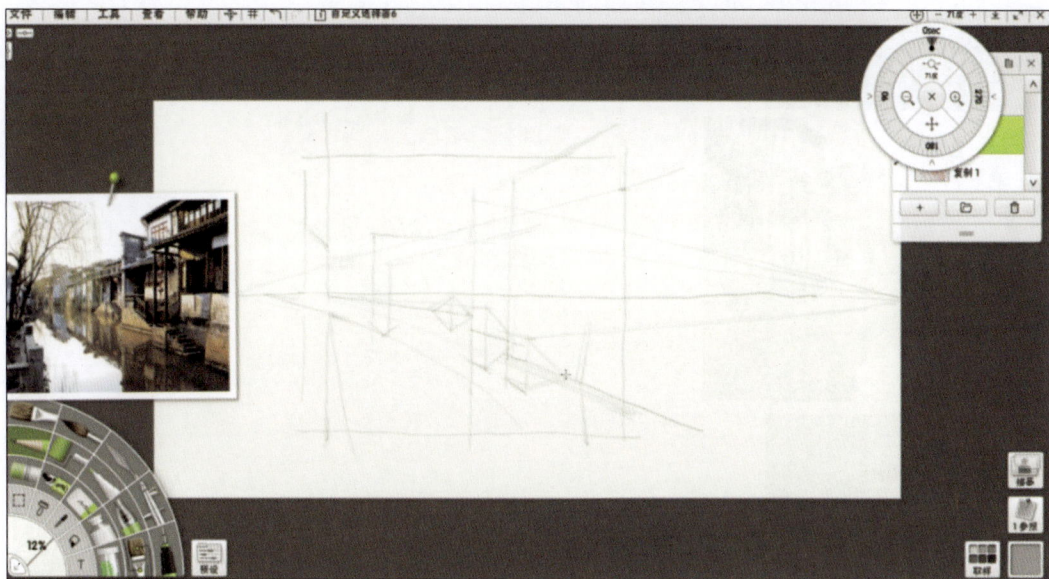

图5-44　画面边框与消失点

2. 画草稿

利用变线画出景物的草稿，如图 5-45 所示。

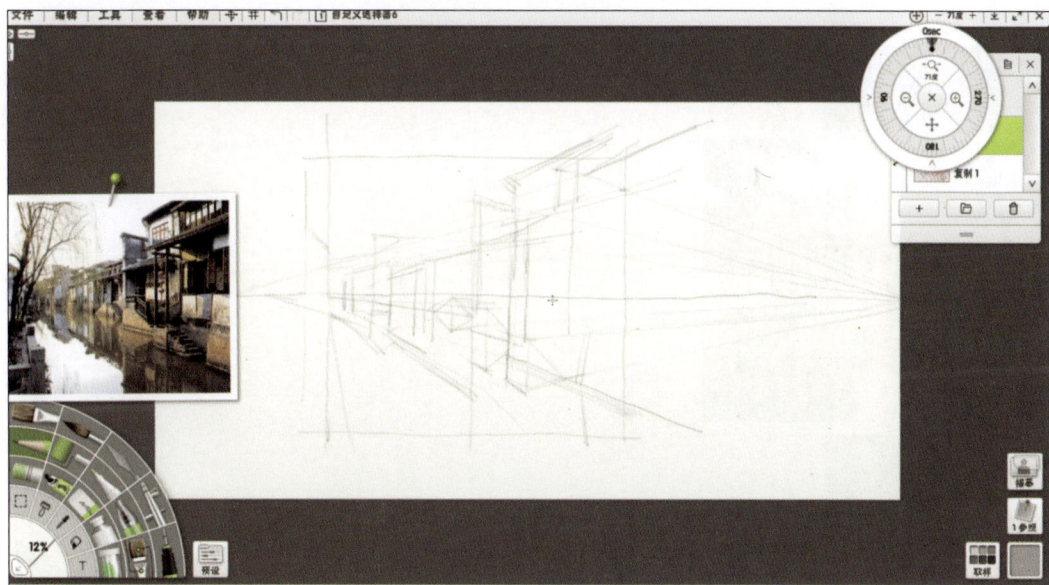

图5-45　草稿

3. 添加细节

在画面中添加细节，如图 5-46 所示，精准地确定墙体、屋檐等物体的厚度。这一过程的目的是确定各个物体之间的比例关系，画出透视变化。

图5-46　添加细节

　　然后画灌木和树，如图 5-47 所示，利用分形的方法把各部分结构进行分解，找出线的方向，对比找出灌木和树在空间中的位置。绘画时需注意，一定要分组画，把树枝分成几个组，再在每个组里画细节。

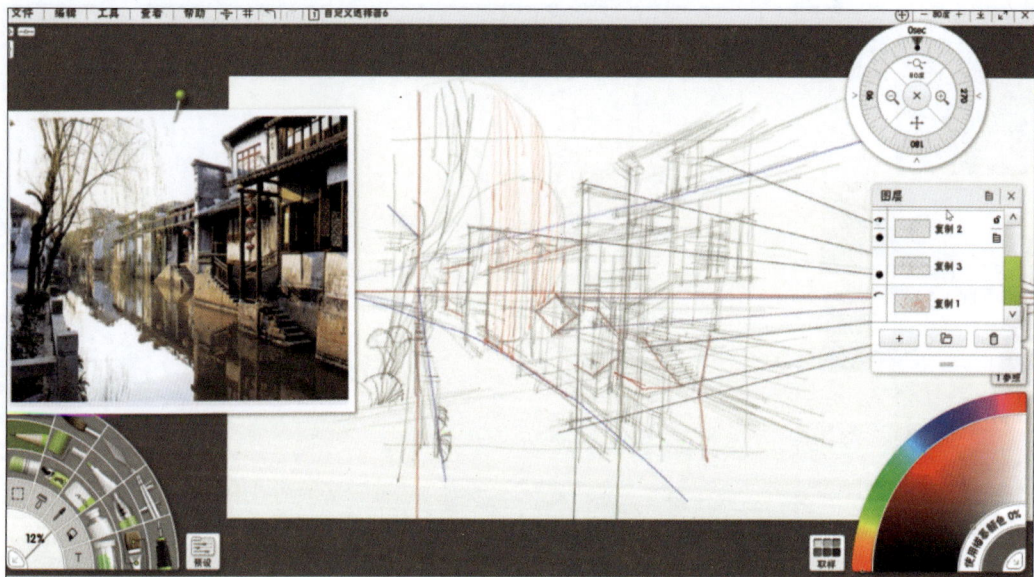

图5-47　画灌木和树

自学自测

一、单选题

1. 两点透视的特点体现在物体有一组线与画面（　　），另外的两组线与画面形成一定的角度。

    A．平行　　　　　　　　　　　　B．相交

    C．垂直　　　　　　　　　　　　D．相切

2. 通常情况下两点透视的消失点会在（　　）。

A．画面中点　　　B．画面内　　　C．画面外　　　D．画面上下

二、简述题

简要叙述两点透视的绘画步骤。

课后提升

任务1：观看室内两点透视场景绘画的视频

认真观看室内两点透视场景绘画视频，找出绘画过程中的绘画要点。

任务2：室内两点透视场景线稿绘画

利用数位板及压感笔画室内两点透视场景的线稿（打印纸稿粘贴在空白处）。

任务 3：观看室外两点透视场景绘画的视频

认真观看室外两点透视场景绘画视频，找出绘画过程中的绘画要点。

任务 4：室外两点透视场景线稿绘画

利用数位板及压感笔画室外两点透视场景的线稿（打印纸稿粘贴在空白处）。

评价反馈

| 个人自评打分表 | 两点透视绘画
互评表 | 教师评价表 |